畳み込みニューラルネットワーク徹底解説

TensorFlowで学ぶ
ディープラーニング入門

中井 悦司 [著]

● **本書のサポートサイト**

本書の補足情報、訂正情報などを掲載してあります。適宜ご参照ください。

http://book.mynavi.jp/supportsite/detail/9784839960889.html

● 本書は2016年8月段階での情報に基づいて執筆されています。
本書に登場するソフトウェアやサービスのバージョン、画面、機能、URL、製品のスペックなどの情報は、すべてその原稿執筆時点でのものです。
執筆以降に変更されている可能性がありますので、ご了承ください。

● 本書では、TensorFlowをインストール済みのDocker用コンテナイメージを用いて説明を行っていきます。Linux、Mac OS X、Windowsなどの環境で、Dockerを利用して環境を起動することができます。
また、TensorFlow 0.9.0（GPU非対応版）、Python 2.7を使用しています。
ハードウェア環境は、4コアCPUと4GB以上の物理メモリーを想定しています。メモリー容量がこれより少ない場合、第4章、および、第5章のサンプルコードが実行できない場合がありますのでご注意ください。

● 特に但し書きのない場合は、［Ctrl］キーと表記されているところは、Mac OS Xでは［control］キーと読み替えてください。

● 本書に記載された内容は、情報の提供のみを目的としております。
したがって、本書を用いての運用はすべてお客様自身の責任と判断において行ってください。

● 本書の制作にあたっては正確な記述につとめましたが、著者や出版社のいずれも、本書の内容に関してなんらかの保証をするものではなく内容に関するいかなる運用結果についてもいっさいの責任を負いません。あらかじめご了承ください。

● 本書中の会社名や商品名は、該当する各社の商標または登録商標です。
本書中では™および®マークは省略させていただいております。

はじめに

　ディープラーニングの世界へようこそ！　本書は、機械学習やデータ分析を専門とはしない、一般の方を対象とした書籍です。—— と言っても、ディープラーニングの歴史や人工知能の将来展望を語る啓蒙書ではありません。ディープラーニングの代表とも言える「畳み込みニューラルネットワーク」を例として、その仕組みを根本から理解すること、そして、TensorFlowを用いて実際に動作するコードを作成することが本書の目標です。

　ディープラーニングが世間の話題になりはじめたのは、米グーグル社が「ニューラルネットワークが猫を認識した」と発表したあたりかも知れません。その後、ビデオゲームの操作をDQN（Deep Q-Network）と呼ばれるアルゴリズムが学習したり、さらには、ニューラルネットワークを用いた機械学習システムが囲碁の世界チャンピオンを破るなど、驚くような結果が生み出されてきました。そして、このようなディープラーニングの解説記事で必ず登場するのが、多数のニューロンが何層にも結合された「多層ニューラルネットワーク」の模式図です。このニューラルネットワークの中でいったいなにが起きているのか、ディープラーニングのアルゴリズムはどのような仕組みで学習をしているのか、「何とかしてこれを理解したい！」——そんな気持ちを持ったあなたこそが、本書が対象とする読者です。

　実の所、ディープラーニングの根底にあるのは、古くからある機械学習の仕組みそのものです。簡単な行列計算と微分の基礎がわかっていれば、その仕組みを理解することはそれほど難しくはありません。本書では、手書き文字の認識処理を行う畳み込みニューラルネットワークについて、これを構成する1つひとつのパーツの役割を丁寧に解説していきます。さらに、ディープラーニングの学習処理ライブラリであるTensorFlowを利用して、実際に動作するコードを用いながらそれぞれのパーツの動作原理を確認します。レゴブロックを組み立てるかのように、ネットワークを構成するパーツを増やしていくことで、認識精度が向上する様子が観察できることでしょう。

　ちなみに、TensorFlowの公式Webサイトでは、チュートリアルとしてさまざまなサンプルコードが公開されています。これらのコードを実行してみたものの、コードの中身がよくわからず、自分なりの応用をしようにもどこから手をつけていいのかわからない —— そんな声を耳にすることもあります。本書を通して、ディープラーニングの根本原理、そして、TensorFlowのコードの書き方を学習すれば、次のステップが見えてくるはずです。ディープラーニングの奥深さ、そして、その面白さを味わうことは、決して専門家だけの特権ではありません。本書によって、知的探究心にあふれる皆さんが、ディープラーニングの世界へと足を踏み入れるきっかけを提供できたとすれば、筆者にとってこの上ない喜びです。

謝辞

　本書の執筆、出版にあたり、お世話になった方々にお礼を申し上げます。

　本書の構想は、株式会社KUNOの佐藤　傑氏が主催する「TensorFlow勉強会」に参加させていただいた際に生まれました。TensorFlowによって誰もが簡単にディープラーニングを体験できるようになる一方で、「その中身をきちんと理解したい」という希望を持つ参加者が多数いることに気がつきました。歴史や展望を語る啓蒙書ではなく、かと言って、専門家を対象とした難解な解説書でもない、ディープラーニングを根本から理解するための一般向けの入門書を提供したい ── そんな思いを心に抱くようになりました。

　この思いを具体的な形にする提案をいただき、書籍化に向けて支援していただいた、マイナビ出版の伊佐知子さんに改めてお礼を申し上げます。また、本書の執筆にあたり、技術情報を提供していただいたグーグル株式会社の佐藤一憲さん、岩尾はるかさんにも感謝いたします。

　そして、本書の執筆中には、筆者の所属企業が変わるという人生の転機がありました。新たなチャレンジをいつも前向きに支えてくれる、妻の真理と愛娘の歩実にもあらためて感謝の気持ちを伝えたいと思います。「お父さん、こんどはお調べ物の会社でがんばるからね！」

この本の内容と読み方

　本書では、ディープラーニングの代表例として、手書き文字の認識処理を行う「畳み込みニューラルネットワーク」を取り上げて、その仕組みを解説していきます。ディープラーニングで用いられるニューラルネットワークは、さまざまな役割を持ったパーツから構成されており、これら1つひとつのパーツの役割を順を追って理解することが目標です。また、米グーグル社がオープンソースソフトウェアとして公開している「TensorFlow」を利用して、実際に動作するコードを用いながら、それぞれのパーツの動作原理を確認していきます。本書で使用するコードは、GitHubで公開されており、下記のURLから内容を確認することができます。

- https://github.com/enakai00/jupyter_tfbook

　TensorFlowは、ニューラルネットワークの構成をPythonのコードで表現した上で、学習用データを用いて、ニューラルネットワークを最適化する処理を自動的に行う機能を提供しています。第1章で解説する手順にしたがって、TensorFlowの実行環境を用意した上で、実際にコードを実行しながら読み進めることをお勧めします。第1章から順に読み進めることで、機械学習の基本となる考え方から始まり、TensorFlowによるコードの書き方、そして、畳み込みニューラルネットワークを構成する各パーツの役割を段階的に理解できるように構成してあります。

　なお、本書で取り上げる畳み込みニューラルネットワークは、TensorFlowの公式Webサイトのチュートリアルで「Deep MNIST for Experts」として紹介されているものをほぼそのまま採用しています。これは、MNISTデータセットと呼ばれる手書き数字の画像データを分類するもので、最終的に約99%の認識率を達成します。「チュートリアルのコードは実行できたけど、中身はよくわからなかった」「このコードが何を行っているのかをきちんと理解したい」── 本書は、このような方にも最適な内容となります。本書の内容を理解する上で必要な数学の知識については、巻末の付録を参照してください。

本書のサンプルコードを試す環境について

本書で登場するサンプルコードは、筆者が用意したDocker用コンテナイメージと、Jupyterのノートブックファイルをダウンロードすることで、実際に動かして試してみることができます。

具体的な説明としては、「1.2 環境準備」において、CentOS 7での準備方法を紹介しています。また、「付録A Mac OS XとWindowsでの環境準備方法」において、Mac OS XとWindows環境での方法もあわせて紹介していますので、使用される環境に応じて参考にしてください。

- CentOS 7 →「1.2 環境準備」（P.038）
- Mac OS X →「付録A」（P.236）
- Windows →「付録A」（P.239）

CentOSで、Dockerコンテナイメージ上のJupyterを利用する様子

また、Docker用コンテナイメージをダウンロードしなくても、前のページで紹介しているGitHubのURLにアクセスすれば、サンプルコードの全文と、それを実行した場合の結果を見ることができます。

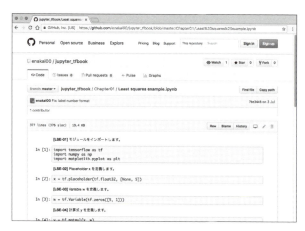

GitHubでJupyterのノートブックを閲覧する様子

本書のサンプルコードの見方について

　本書で登場するサンプルコードは、前のページで紹介している環境構築の手順でダウンロードしたノートブックファイルに含まれています。書籍でサンプルコードを紹介する際は、手順の中で、どのノートブックファイルを利用するかを紹介しています。

　自分でノートブックファイルを書き換えて実行する際は、ノートブックファイルをコピーして、名前を変えてから実行するようにすると、オリジナルファイルを残すことができるので、参照するときなどに便利です。

> **1.3.2 TensorFlowのコードによる表現**
>
> 　それでは、実際にこれらをTensorFlowのコードで表現してみましょう。本格的なプログラムを作成する場合は、モデルを表すクラスを用意するなど、コードのモジュール化を考慮する必要がありますが、ここでは、簡単にするために、Jupyterのノートブック上で、定義式を直接に書き下していきます。対応するノートブックは、「Chapter01/Least squares expample.ipynb」に用意されています。実際にノートブックを開いて、コードを実行しながら読み進めてください。なお、開いた直後のノートブックには、以前の実行結果が残っているので、図1.22のメニューから「Restart & Clear Output」

使用するノートブック
ファイルの紹介

　また、紙面において、サンプルコードの左上にある［LSE-01］などの見出しは、ダウンロードしたノートブックの各コードについている見出しと対応しています。本文中では、途中のコードのみを抜粋して紹介していることもありますので、ご注意ください。

```
[LSE-01]
1: import tensorflow as tf
2: import numpy as np
3: import matplotlib.pyplot as plt
```

サンプルコード左上の
見出し

```
[LSE-01] モジュールをインポートします。
In [1]: import tensorflow as tf
        import numpy as np
        import matplotlib.pyplot as plt
```

ノートブックファイルでの
コードの見出し

　なお、［LSE］などのアルファベットは、ノートブックファイルの名前の頭文字を取ったものになっています（「Least squares expample.ipynb」の場合、「LSE-01」のようになっています）。

CONTENTS

はじめに ……………………………………………………………… 003
謝辞 ………………………………………………………………… 004
この本の内容と読み方 …………………………………………… 005
本書のサンプルコードを試す環境について …………………… 006
本書のサンプルコードの見方について ………………………… 007

Chapter 01
TensorFlow入門　　　015

第1章のはじめに …………………………………………… 016

1-1 ディープラーニングとTensorFlow ……………… 018
- **1.1.1** 機械学習の考え方 …………………………… 018
- **1.1.2** ニューラルネットワークの必要性 ………… 021
- **1.1.3** ディープラーニングの特徴 ………………… 027
- **1.1.4** TensorFlowによるパラメーターの最適化 … 029

1-2 環境準備 ……………………………………………… 038
- **1.2.1** CentOS 7での準備手順 ……………………… 039
- **1.2.2** Jupyterの使い方 ……………………………… 042
  - Jupyterのノートブックでの操作について ……… 044

1-3 TensorFlowクイックツアー ･････････････････････････････ 048

1.3.1 多次元配列によるモデルの表現 ･････････････････････････ 048
1.3.2 TensorFlowのコードによる表現 ･････････････････････････ 050
tf.float32について ･･･････････････････････････････････････ 051
1.3.3 セッションによるトレーニングの実行 ･･･････････････････ 055

Chapter 02
分類アルゴリズムの基礎   063

第2章のはじめに ･･･ 064

2-1 ロジスティック回帰による二項分類器 ･････････････････････ 065

2.1.1 確率を用いた誤差の評価 ･･･････････････････････････････ 065
2.1.2 TensorFlowによる最尤推定の実施 ･････････････････････ 070
2.1.3 テストセットを用いた検証 ･････････････････････････････ 081

2-2 ソフトマックス関数と多項分類器 ･･･････････････････････ 085

2.2.1 線形多項分類器の仕組み ･･････････････････････････････ 085
2.2.2 ソフトマックス関数による確率への変換 ･････････････････ 089

CONTENTS

2-3　多項分類器による手書き文字の分類 ･････････････････････････････ 092

- **2.3.1**　MNISTデータセットの利用方法 ･･･････････････････････ 092
- **2.3.2**　画像データの分類アルゴリズム ･･････････････････････････ 096
- **2.3.3**　TensorFlowによるトレーニングの実施 ･･････････････････ 101
- **2.3.4**　ミニバッチと確率的勾配降下法 ･･････････････････････････ 108

Chapter 03

ニューラルネットワークを用いた分類　　111

第3章のはじめに ･･ 112

3-1　単層ニューラルネットワークの構造 ･･･････････････････････････ 113

- **3.1.1**　単層ニューラルネットワークによる二項分類器 ･･･････････ 113
- **3.1.2**　隠れ層が果たす役割 ･･････････････････････････････････ 116
- **3.1.3**　ノード数の変更と活性化関数の変更による効果 ････････････ 126

3-2　単層ニューラルネットワークによる手書き文字の分類 ････････ 129

- **3.2.1**　単層ニューラルネットワークを用いた多項分類器 ････････ 129
- **3.2.2**　TensorBoardによるネットワークグラフの確認 ･･･････････ 133
  - プロセスを終了せずターミナルの画面を閉じてしまった場合 ････ 141

3-3　多層ニューラルネットワークへの拡張 ……………………………… 142

- 3.3.1　多層ニューラルネットワークの効果 ………………………… 142
- 3.3.2　特徴変数に基づいた分類ロジック ……………………………… 147
- 3.3.3　補足：パラメーターが極小値に収束する例 ………………… 151
- コラム：TnsorFlowを支えるハードウェア …………………… 154

Chapter 04
畳み込みフィルターによる画像の特徴抽出　　155

第4章のはじめに ……………………………………………………………… 156

4-1　畳み込みフィルターの機能 ……………………………………………… 157

- 4.1.1　畳み込みフィルターの例 …………………………………………… 157
- 4.1.2　TensorFlowによる畳み込みフィルターの適用 …………… 160
- 4.1.3　プーリング層による画像の縮小 ………………………………… 169

4-2　畳み込みフィルターを用いた画像の分類 ………………………… 172

- 4.2.1　特徴変数による画像の分類 ……………………………………… 172
- 4.2.2　畳み込みフィルターの動的な学習 ……………………………… 179

CONTENTS

4-3 畳み込みフィルターを用いた手書き文字の分類 ……………… 182
- 4.3.1 セッション情報の保存機能 …………………………………… 182
- 4.3.2 単層CNNによる手書き文字の分類 …………………………… 184
- 4.3.3 動的に学習されたフィルターの確認 ………………………… 192

Chapter 05
畳み込みフィルターの多層化による性能向上　　197

第5章のはじめに ……………………………………………………… 198
5-1 畳み込みニューラルネットワークの完成 ……………………… 199
- 5.1.1 多層型の畳み込みフィルターによる特徴抽出 ……………… 199
- 5.1.2 TensorFlowによる多層CNNの実装 ………………………… 204
- 5.1.3 手書き文字の自動認識アプリケーション …………………… 210

5-2 その他の話題 ……………………………………………………… 217
- 5.2.1 CIFAR-10（カラー写真画像）の分類に向けた拡張 ………… 217
- 5.2.2 「A Neural Network Playground」による直感的理解 ……… 221
- 5.2.3 補足：バックプロパゲーションによる勾配ベクトルの計算 … 226
  - コラム：MNISTの次は、notMNISTに挑戦！ ………………… 234

Appendix

A　Mac OS XとWindowsでの環境準備方法　　236

A-1　Mac OS Xの環境準備手順 …………………………………………… 236
A-2　Windows 10の環境準備手順 ………………………………………… 240
　　　仮想化技術への対応を確認するには ………………………………… 240

B　Python 2の基本文法　　246

B-1　Hello, World!と型、演算 ……………………………………………… 246
B-2　文字列 …………………………………………………………………… 247
B-3　リストとディクショナリー …………………………………………… 249
B-4　制御構文 ………………………………………………………………… 251
B-5　関数とモジュール ……………………………………………………… 254
　　　参考情報 ………………………………………………………………… 256

C　数学公式　　257

CONTENTS

参考文献 ……………………………………………………… 259
索引 …………………………………………………………… 260
著者プロフィール …………………………………………… 263

Chapter 01
TensorFlow入門

第1章のはじめに

　TensorFlowは、米Google社がオープンソースソフトウェアとして公開している、機械学習ライブラリーです[1]。特に、ディープラーニングへの適用を意識した仕組みを持っており、この領域におけるGoogle社内での研究、あるいは、Googleが提供するサービスの開発にも利用されています。本書の主題は、このTensorFlowを利用して、ディープラーニングの代表例とも言える「畳み込みニューラルネットワーク（CNN：Convolutional Neural Network）」の仕組みを理解することです。TensorFlowの公式Webサイトにある「TensorFlow Tutorials」[2]（図1.1）では、TensorFlowのさまざまな利用例がサンプルコードと共に紹介されていますが、その中の1つとして、図1.2のCNNを用いた手書き文字（数字）の分類処理があります。ディープラーニングの専門的な書籍や解説記事を見ると、これに類似の（あるいは、これをもっと複雑にした）図を見かけることもあるでしょう。これがいったいどのような仕組みで、なぜこれで手書き文字の分類ができるのか ── 数学的な理屈を含めて、その仕組みを根本から理解した上で、これを実現するTensorFlowのコードを書きあげることが本書の目標です。

[1]　TensorFlowの公式サイト　https://www.tensorflow.org/
[2]　TensorFlow Tutorials　https://www.tensorflow.org/tutorials

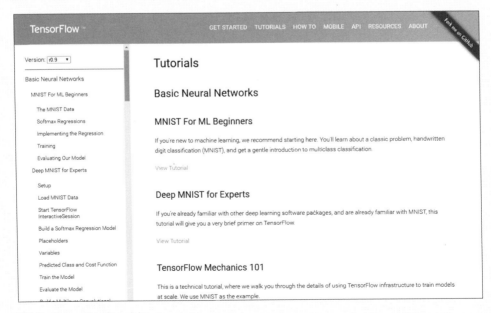

図1.1　TensorFlow Tutorials

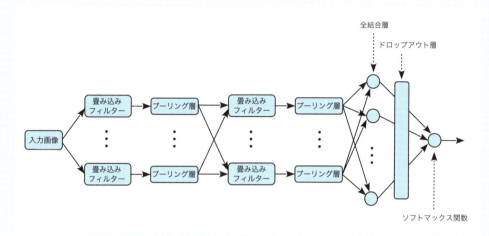

図1.2 手書き文字（数字）の分類処理を行うCNN

　本章では、その準備として、ディープラーニングとTensorFlowの概要を紹介した後、TensorFlowのコードを実行するための環境準備を行います。また、機械学習の初歩とも言える「最小二乗法」の問題を例にして、TensorFlowの基本的なコードの書き方を説明します。

Chapter 1-1 ディープラーニングとTensorFlow

　ディープラーニングは、広い意味では、機械学習の中で「ニューラルネットワーク」と呼ばれるモデルの一種です。ここでは、ディープラーニングを正確に理解するために、まずは、機械学習における「モデル」の役割、そして、一般的なニューラルネットワークの仕組みを解説します。その上で、一般的なニューラルネットワークとは異なるディープラーニングならではの特徴、そして、ディープラーニングによるデータ分析を実現するTensorFlowの役割を説明します。

1.1.1 機械学習の考え方

　機械学習は、データの背後にある「数学的な構造」をコンピューターによる計算で見つけ出す仕組みです。―― と言っても、決して難しく考える必要はありません。たとえば、図1.3のデータを見て、どのように感じるでしょうか？　これは、日本のある都市における、今年一年間の月別の平均気温だとしてください。このデータを元にして、来年以降の月々の平均気温を予測してほしいと頼まれた場合、あなたはどのように考えるでしょうか？

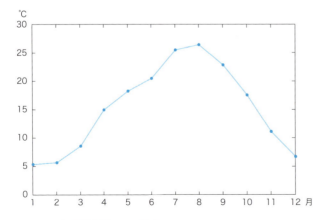

図1.3　月別の平均気温のデータ例

最も安易な答えは、今年の平均気温とまったく同じ値を予測することですが、もう少し工夫の余地がありそうです。このグラフでは、月々の平均気温はガタガタした直線で結ばれていますが、気候変化の仕組みを考えると、月々の平均気温は、本質的にはなめらかな曲線で変化すると考えられます。このなめらかな変化に対して、その月ごとのランダムなノイズが加わることで、このようなガタガタした変化になっていると想像できます。

　そこで、データの全体を見て、図1.4のようになめらかな曲線を描いてみます。来年以降の平均気温として、この曲線上の値を予測すれば、こちらの方が正答率はより高くなると期待できます。来年以降の気温にもノイズが加わるため、この曲線の上下にぶれる恐れはありますが、確率的には、この曲線のあたりに分布する可能性が最も高いと思われます。

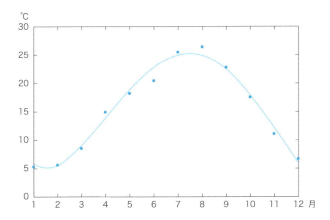

図1.4　なめらかな曲線で予測した平均気温

　このように、与えられたデータの数値をそのまま受け取るのではなく、その背後にある「仕組み」を考えることを「データのモデル化」と呼びます。あるいは、このようにして考えだした仕組みが、データの「モデル」に他なりません。

　さらに、このようなデータのモデルは、一般に数式で表現することができます。たとえば、図1.4の曲線は、次の4次関数で表されると仮定してみます。

$$y = w_0 + w_1 x + w_2 x^2 + w_3 x^3 + w_4 x^4 \tag{1.1}$$

　$x = 1, 2, \cdots, 12$ が月を表しており、(1.1) で計算される y がその月の予想平均気温だとしてください。各項の係数 $w_0 \sim w_4$ の値をうまく調整することで、図1.4のような

「それらしい」曲線を得ることができます。

　ただし、係数の値を具体的に決定するには、もうひとつの指標が必要です。すなわち、なにを持って、この曲線を「それらしい」と判断すればよいのでしょうか？　これは、(1.1) から予想される値と、実際のデータの誤差で判断します。たとえば、図1.3の元データの値を $t_1, t_2, \cdots, t_{12}$（t_n は n 月の平均気温）とします。この時、(1.1) に $x = 1, 2, \cdots, 12$ を代入して得られる予想平均気温を $y_1, y_2, \cdots, y_{12}$ として、次の値を計算します。

$$E = \frac{1}{2} \sum_{n=1}^{12} (y_n - t_n)^2 \qquad (1.2)$$

　これは、一般に二乗誤差とよばれるもので、月々の予測値と実データの差の二乗を合計した値になっています。全体を1/2倍しているのは、計算上の都合によるもので、特に本質的なものではありません。この値がなるべく小さくなるように係数 $w_0 \sim w_4$ を調整することで、それらしい曲線を得ることができます。(1.2) は、係数 $w_0 \sim w_4$ の関数と見なすことができるので、誤差関数と呼ぶこともあります。

　実際の計算例は、この後の「1.3 TensorFlowクイックツアー」で紹介することにして、ここまでの作業を整理すると次のようになります。

①与えられたデータを元にして、未知のデータを予測する数式 (1.1) を考える
②数式に含まれるパラメーターの良し悪しを判断する誤差関数 (1.2) を用意する
③誤差関数を最小にするようにパラメーターの値を決定する

　これらの手順でパラメーターの値が具体的に決定できれば、後は、得られた数式（得られた $w_0 \sim w_4$ の値を (1.1) に代入したもの）を用いて、来年以降の平均気温を予測することができます。もちろん、実際にどこまで正確な予測ができるかどうかは、やってみないとわかりません。仮に予測の精度がよくなかった場合は、最初に考えた数式 (1.1)、すなわち、データの「モデル」がいまいちだったのかも知れません。未知のデータに対する予測精度を向上するために、より最適なモデル、つまり、予測用の数式を発見することが、機械学習を活用するデータサイエンティストの腕の見せ所というわけです。

　ちなみに、ここまでの所で、「コンピューターによる計算」はどこに登場するのでしょうか？　機械学習におけるコンピューターの役割は、③の部分にあります。先ほどの例では、誤差関数 (1.2) に含まれるデータは過去1年間、12ヶ月分（12個）のデータしかありませんでした。しかしながら、現実の機械学習では、より大量のデータ（いわゆる

「ビッグデータ」）に対して、誤差関数を最小化するという計算が必要になります。この部分を一定のアルゴリズムに基づいて自動計算するのが、機械学習におけるコンピューター（すなわち「機械」）の役割であり、本書で解説するTensorFlowの主な仕事となります。

世間一般では、機械学習、あるいは、最近流行の「人工知能」というと、コンピューターが自ら判断して未来を予測するというイメージを持っている人も多いかも知れません。しかしながら、現在の機械学習では、本書の主題でもあるディープラーニングを含めて、データの背後にあるモデル、すなわち、データを説明する数式そのものは、人間が用意しているという点に注意が必要です。コンピューターの主な役割は、その数式に含まれるパラメーターを最適化するという部分にあります。

なお、先ほどの①～③のステップは、本書全体を通じて何度も登場することになります。本書ではこれを「機械学習モデルの3ステップ」と呼ぶことにします。

1.1.2 ニューラルネットワークの必要性

機械学習の基本的な考え方がわかった所で、ニューラルネットワークの説明に進みます。先ほどと少し違う例題として、データの分類問題を考えてみます。あるウィルスに感染しているかどうかを判定する簡易的な予備検査があり、検査結果は、2種類の数値(x_1, x_2)で与えられるものとします。この2つの数値を元にしてウィルスに感染している確率を求めた後に、確率がある程度高い患者は精密検査に回すという想定です。

図1.5は、これまでに予備検査を受けた患者の検査結果と、実際にウィルスに感染し

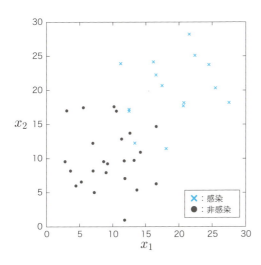

図1.5
予備検査の結果と実際の感染状況を示すデータ

ていたかどうかを示すグラフ（散布図）になります。この予備検査の精度を調査するために、すべての患者に対して、予備検査と精密検査の両方を行って得られたデータだと考えてください。このデータを元にして、新たな検査結果(x_1, x_2)に対して、感染確率Pを計算する数式を求めることが、あなたに与えられた課題です。

この例であれば、図1.6のように、直線で大きく2つに分類できそうなことがわかります。直線の右上の領域は感染している確率が高く、左下の領域は感染している確率が低いと考えられます。そこで、この境界を示す直線を数式で次のように表現してみます。

$$f(x_1, x_2) = w_0 + w_1 x_1 + w_2 x_2 = 0 \tag{1.3}$$

平面上の直線というと、$y = ax + b$という形式が有名ですが、ここでは、x_1とx_2を対称に扱うためにこのような形式を用いています。また、この形式の利点として、$f(x_1, x_2) = 0$が境界となる他に、境界から離れるほどに、$f(x_1, x_2)$の値が$\pm\infty$に向かって増加（減少）していくという性質があります。

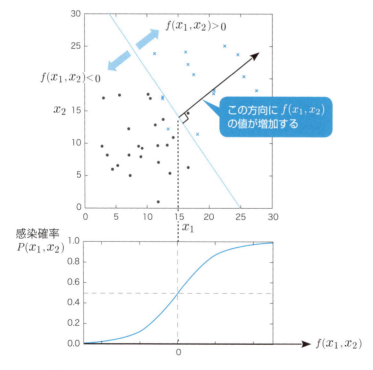

図1.6 直線による分類と感染確率への変換

そこで、0から1に向かってなめらかに値が変化する関数$\sigma(x)$を用意して、これに

$f(x_1, x_2)$の値を代入すると、検査結果(x_1, x_2)から感染確率$P(x_1, x_2)$を求める関数を作ることができます[*1]。図1.6の下部は、次式をグラフに表したものになります。

$$P(x_1, x_2) = \sigma(f(x_1, x_2)) \tag{1.4}$$

これはちょうど、「機械学習モデルの3ステップ」におけるステップ①に相当します。この後は、(1.4)に含まれるパラメーターw_0, w_1, w_2の良し悪しを判断する誤差関数を用意して（ステップ②）、それを最小化するようにパラメーターを決定する（ステップ③）という流れになります。

具体的な計算については、後ほど「第2章 分類アルゴリズムの基礎」で詳しく解説しますが、ここでは、あえて、このモデルの問題点を指摘しておきます。それは、与えられたデータが直線で分類できるという前提条件です。仮に、与えれたデータが図1.7のような場合を考えてみます。これらは、どう考えても、単純な直線で分類できるものでありません。図に示したように、折れ曲がった直線、あるいは、曲線を用いて分類する必要があります。

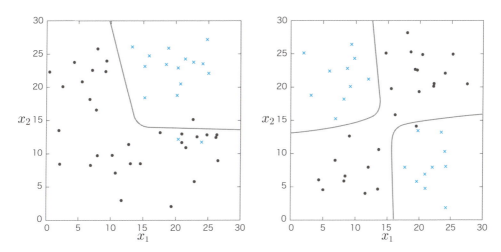

図1.7 より複雑なデータ配置の例

単純に考えると、(1.3)に示した直線の方程式をより複雑な数式に置き換えて、折れ曲がった直線や曲線を表現できるようにすればよさそうですが、実際には、それほど簡単にはいきません。なぜなら、現実の機械学習で利用するデータは、図1.7のように平

---

*1 機械学習の世界では、一般に、$\sigma(x)$のように0から1になめらかに値が変化する関数を**「シグモイド関数」**と呼びます。具体的な関数の中身には、いくつかのバリエーションがあります。

面に描けるほど単純なものではないからです。たとえば、この例において、検査結果の数値が2種類ではなく、全部で20種類あったとしてみます。これを図に示すには、20次元空間のグラフが必要になってしまいます。もちろん、これを図に示すことは不可能ですし、頭の中で想像することも困難です。

つまり、機械学習においては、このような目に見えないデータの特性を手探りで探し出すという困難に対処する必要があるのです。

「そういう隠れたデータの特性を自動的に見つけ出すのが機械学習じゃなかったの?!」

—— そんな声が聞こえてきそうですが、残念ながら現在の機械学習というのは、基本的にはデータのモデル、すなわち、ステップ①で用意するべき数式自体は、人間が考える必要があります。ただし、そのような中でも、なるべく柔軟性が高く、さまざまなデータに対応できる「数式」を考えだすという努力が続けられてきました。ニューラルネットワークは、そのような数式のひとつの形と考えることができます。

ニューラルネットワークを「数式」と言われてもピンと来ない場合は、「関数」、あるいは、プログラムコードにおける「サブルーチン」と考えても構いません。(1.3)は、(x_1, x_2)という値のペアーを入力すると、$f(x_1, x_2)$という1つの値が出てくる関数になっており、この値の大小によって、感染確率が大きくなったり小さくなったりするというものです。機械学習のモデルにおいては、入力データに対して、そのデータの特徴を表す値が出てくる関数を用意することがその本質となります。

そこで、(1.3)のように、単純な1つの数式で結果を出すのではなく、複数の数式を組み合わせた関数を作ることを考えます。これが、ニューラルネットワークです。ニューラルネットワークは、ディープラーニングの中核となる仕組みですので、順を追って丁寧に説明していきます。

まず、図1.8は世界で最もシンプルなニューラルネットワークです。—— と言っても、これは、(1.4)の数式をニューラルネットワーク風に描いただけのものです。左から(x_1, x_2)という値のペアーを入力すると、内部で$f(x_1, x_2)$の値が計算されて、それをシグモイド関数$\sigma(x)$で0～1の値に変換したものが変数zとして出力されます。これは、

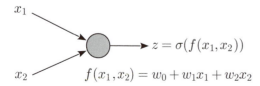

図1.8 単一のノードからなるニューラルネットワーク

ニューラルネットワークを構成する最小のユニットとなるもので、ニューロン、もしくは、ノードと呼ばれます。

　そして、このようなノードを多層に重ねることで、より複雑なニューラルネットワークが得られます。図1.9は、2層のノードからなるニューラルネットワークの例です。世界で2番目にシンプルなニューラルネットワークと言ってもよいでしょう。1層目の2つノードには、$f_1(x_1, x_2)$と$f_2(x_1, x_2)$という1次関数が与えられていますが、それぞれの係数の値は異なっています。これらをシグモイド関数$\sigma(x)$で変換した値のペアー(z_1, z_2)をさらに2層目のノードに入力して、最終的な出力値zが得られるという流れになります[*2]。

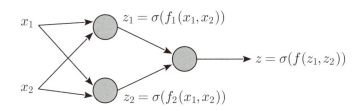

$$f_1(x_1, x_2) = w_{10} + w_{11}x_1 + w_{12}x_2$$
$$f_2(x_1, x_2) = w_{20} + w_{21}x_1 + w_{22}x_2$$
$$f(z_1, z_2) = w_0 + w_1z_1 + w_2z_2$$

図1.9 2層のノードからなるニューラルネットワーク

　このニューラルネットワークには、$w_{10}, w_{11}, w_{12}, w_{20}, w_{21}, w_{22}, w_0, w_1, w_2$という全部で9個のパラメーターが含まれています。これらの値を調整することで、単なる直線ではない、より複雑な境界線が表現できるものと想像できます。最後のzの値が感染確率Pを表すという想定ですので、$z = 0.5$となる部分が境界線に相当します。

　実は、これらのパラメーターの値をうまく調整して、$z = 0.5$となる部分を描くと、図1.10の結果を得ることができます。これは、各(x_1, x_2)におけるzの値を色の濃淡で示したもので、右上の領域が$z > 0.5$に対応します。図1.7の左の例であれば、このニューラルネットワークでうまく分類できそうです。しかしながら、図1.7の右の例については、これでもまだ対応できないことがわかります。次の手段としては、ノードの数を増やした、さらに複雑なニューラルネットワークを用いるということになりそうです。

　この時、ノードの増やし方には、いくつかのパターンがあります。1つは、層の数を

---

*2　ここでは、中間層のノードからの出力をシグモイド関数$\sigma(x)$で取り出していますが、この部分はシグモイド関数に限る必要はありません。一般には、$x = 0$を境に値が増加する何らかの「活性化関数」を使用します。活性化関数の選択については、「3.1.1 単層ニューラルネットワークによる二項分類器」で触れています。

増やして、ニューラルネットワークを多層化する方法で、もうひとつは、1つの層に含まれるノードを増やすという方法です。あるいは、これらを組み合わせて、図1.11のようなニューラルネットワークを構成することも可能です。

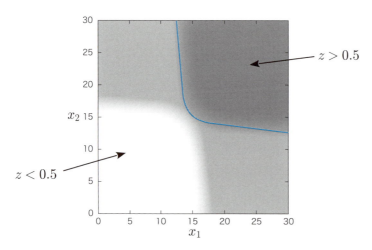

図1.10 2層ニューラルネットワークによる分割例

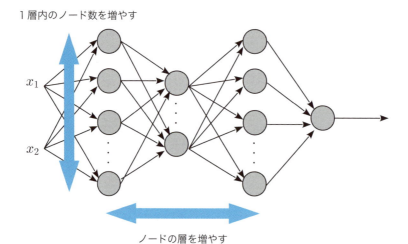

図1.11 より複雑な多層ニューラルネットワークの例

ただし、ここで、ニューラルネットワークの難しさが生まれます。原理的にはノードの数を増やしていけば、どれほど複雑な境界線でも描くことが可能です[*3]。しかしなが

---

*3 数学的には、1層だけのニューラルネットワークであっても、ノードの数を増やしていけば、(一部の特異なものを除いて) どれほど複雑な関数でも表現できることが知られています。

ら、やみくもにノードを増やしていくと、パラメーターの数が膨大になって、パラメーターを最適化するステップ③の計算が困難になります。これは、現実的な時間内で計算が終わらないという、コンピューターの性能上の問題に加えて、そもそも、最適な値を計算するアルゴリズムそのものがつくれないという場合もあり得ます。

　機械学習におけるニューラルネットワークの挑戦は、与えられた問題に対して、実際に計算が可能で、かつ、データの特性にあったニューラルネットワークを構成するという点にあります。結局のところ、「目に見えないデータの特性を手探りで探し出す」という困難は、ニューラルネットワークにおいても無くなるわけではなかったのです。

　そして、さまざまな研究者がこのような困難に挑戦を続けるなかで登場したのが「ディープラーニング」と呼ばれる、特別な形のニューラルネットワークを用いた手法です。

1.1.3 ディープラーニングの特徴

　ディープラーニングは、「深層学習」と翻訳されることもあり、なにやら深遠な理論のような気もしますが、基本的には先ほどの図1.11のような多層ニューラルネットワークを用いた機械学習にすぎません。ただし、単純に層を増やして複雑化するのではなく、解くべき問題に応じて、それぞれのノードに特別な役割を与えたり、ノード間の接続を工夫したりというということが行われます。やみくもにノードを増やして複雑化するのではなく、個々のノードの役割を考えながら、何らかの意図を持って組み上げたニューラルネットワークと考えることができます。

　たとえば、図1.9のニューラルネットワークでは、それぞれのノードは、単純な1次関数とシグモイド関数の組み合わせになっていました。仮に、最初の入力が単なる数値のペアー(x_1, x_2)ではなく、画像データだとしたら、どのような工夫が可能でしょうか？

　図1.2に示したCNN（畳み込みニューラルネットワーク）では、1層目のノードには、1次関数ではなく、「畳み込みフィルター」と呼ばれる関数を適用しています。

　畳み込みフィルターというのは、ディープラーニングのための特別なものというわけではなく、Photoshopなどの画像処理ソフトウェアでも用いられる、画像フィルターの一種です。写真画像から物体の輪郭を取り出して、線画風に変換するフィルターで遊んだことがある方も多いでしょう。これにより、画像に描かれている物体の特徴をより的確に捉えることが可能になります。

　あるいは、その後ろにあるプーリング層と呼ばれる部分では、画像の解像度を落とす処理を行います。これは、画像の詳細をあえて消し去ることで、描かれている物体の本質的な特徴のみを抽出しようという発想に基づきます。このような前処理をほどこされ

たデータを後段のノードがさらに分析して、これが何の画像なのかを判定するというわけです。

また、ノード間の接続を工夫した特殊な例として、リカレントニューラルネットワーク（RNN：Recurrent Neural Network）があります。一般には、時系列データを取り扱うものですが、一例として、単語が並んだ文章を入力データとする自然言語処理への応用があります。たとえば、ある単語を入力すると、その次に現れる単語を確率とともに予測するというニューラルネットワークを考えてみます（図1.12）。

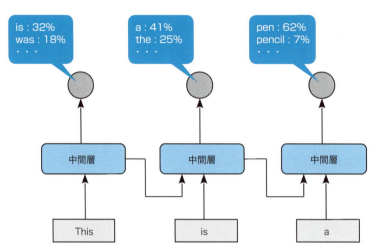

図1.12　RNNで次の単語を予測する例

これは、ある文章がよくある自然な文章なのか、あまり見かけない不自然な文章なのか、という判断に利用されます。たとえば、「This is a pen」という4つの単語を順番に入力して、「This」の後に「is」が来る確率、「is」の後に「a」が来る確率などを順番に求めます。すべてが高確率になっていれば、これは自然な文章だと判断できます。

この時、はじめに「This」を入力して、次に「is」を入力する際、その前に「This」を入力した際の中間層の出力値もあわせて入力します。さきほどの中間層には、「最初の単語が"This"であった」という情報が何らかの形で残っているはずですので、「is」だけを入力として予測するよりも、さらに自然な予測が可能になると期待できます。さらに、この時の中間層には、「その前に"This"があって、今は"is"がある」という情報が記録されていると考えることはできないでしょうか？　もしそうであれば、次は、この中間層の情報と「a」を入力することで、「This is a」に続く単語が予測できることになります。

「最初から"This is a"の3単語を入力するニューラルネットワークを用意すればよいのでは？」と考えるかも知れませんが、その場合は、あくまで3単語までしか入力できません。図1.12の仕組みでは、過去の入力値の情報が中間層に蓄積されていくことで、よ

り長い単語列に基づいた判断ができるというわけです。

　このように、過去の中間層の値を次の入力に再利用するニューラルネットワークがRNNになります。もちろん、現実には、これだけでうまくいくとは限りません。以前に入力した単語の情報は、徐々に中間層から消えていくことになるため、さらにノードの接続を工夫して、過去の情報をなるべく長く蓄積するなどのテクニックが用いられます。

　これらの例からもわかるように、ディープラーニングの背後には、与えられたデータがどのように処理されるのかを考えながら、最適なネットワークを組み上げていくという膨大な試行錯誤が隠されています。また、これはあくまでも、「機械学習モデルの3ステップ」のステップ①だということも思い出す必要があります。どれほどよくできたモデルでも、実際の計算ができなければ実用にはなりません。その後のステップに進むためには、それぞれのネットワークに対して、効率的にパラメーターを最適化するアルゴリズムの研究も必要となります。

　これらはまさに、最先端の研究者が、日々、新たな結果を生み出している世界であり、本書のような入門書にまとめるのはまだまだ困難です。本書のゴールは、CNNという、画像分類処理という特定の問題に対してうまくいくことが実証されているモデルの中身を理解することにあります。CNNにおけるそれぞれのノードには特別な役割がありますので、各層のノードの仕組みを順を追って丁寧に解説していきます。

　今後、ディープラーニングの世界におけるニューラルネットワークの構成パターン、あるいは、その利用例は相当な勢いで広がるものと予想されます。まずは、CNNの仕組みを根本から理解することで、これからのディープラーニングの発展を追いかける準備をしておきましょう。

1.1.4 TensorFlowによるパラメーターの最適化

　ここまで、機械学習の基本的な考え方とニューラルネットワーク、そして、ディープラーニングの概要を説明してきました。与えられたデータの背後にある仕組みを何らかの数式でモデル化することが、機械学習の出発点、すなわち、「機械学習モデルの3ステップ」における、ステップ①であることがわかりました。そして、この後には、数式に含まれるパラメーターを調整して、与えられたデータにうまく適合させるというステップが待っています。

　ここでは、「1.1.1 機械学習の考え方」で用いた平均気温予測の例を使って、この後のステップの進め方を具体的に説明します。TensorFlowの仕組みを理解するポイントになるため、数式を使って正確に説明していきますが、細かな計算の内容をすべて理解す

る必要はありません。実際には、ここで説明する計算は、TensorFlowが自動的に行います。まずは、それぞれの数式が何を表しているのかという、数式の「意味」を捉えるようにしてください。

この例では、パラメーターの良し悪しを評価する基準として、(1.2)の誤差関数Eを用意しました。「機械学習モデルの3ステップ」における、ステップ②にあたる部分です。(1.1)に含まれるパラメーターw_0～w_4の値を変えると、誤差関数Eの値も変化するので、これは、パラメーターw_0～w_4の関数と見なすことができます。まずは、この関係を数式で表現します。

まず、(1.1)と(1.2)をあらためて記載すると、次のようになります。

$$y = w_0 + w_1 x + w_2 x^2 + w_3 x^3 + w_4 x^4 \tag{1.5}$$

$$E = \frac{1}{2} \sum_{n=1}^{12} (y_n - t_n)^2 \tag{1.6}$$

(1.6)に含まれるy_nは、n月($n = 1 \sim 12$)の気温を(1.5)で予測した結果を表します。つまり、(1.5)に$x = n$を代入したものが、y_nになります。

$$y_n = w_0 + w_1 n + w_2 n^2 + w_3 n^3 + w_4 n^4 = \sum_{m=0}^{4} w_m n^m \tag{1.7}$$

最後に和の記号$\sum$で書き直す際は、任意のnに対して、$n^0 = 1$となる関係を利用しています。(1.7)を(1.6)に代入すると、次式が得られます。

$$E(w_0, w_1, w_2, w_3, w_4) = \frac{1}{2} \sum_{n=1}^{12} \left(\sum_{m=0}^{4} w_m n^m - t_n \right)^2 \tag{1.8}$$

(1.8)にはさまざまな記号が含まれていますが、未知のパラメーターは、w_0～w_4だけである点に注意してください。和の記号$\sum$に含まれるmとnはループを回すためのローカル変数のようなもので、t_nは図1.3に与えられた月々の平均気温の具体的な観測値になります。

これで、誤差関数Eの具体的な形がわかりましたので、次は、ステップ③として、(1.8)の値を最小にするw_0～w_4を決定します。記号が多くて複雑に見えますが、w_0～w_4の関数としてみれば2次関数にすぎません。数学が得意な方であれば、紙と鉛筆だけ

で答えを出すこともできるでしょう。具体的には、(1.8)をw_0〜w_4のそれぞれで偏微分した値を0とした、次の連立方程式を解くことになります。

$$\frac{\partial E}{\partial w_m}(w_0, w_1, w_2, w_3, w_4) = 0 \ (m=0,\cdots,4) \quad (1.9)$$

偏微分というのは、複数の変数を持つ関数において、特定の1つの変数で微分することを言います。1変数の関数$y = f(x)$の最大値／最小値を求める際に、微分係数を0とした次の方程式を解きましたが、本質的にはこれと同じことです。

$$\frac{df}{dx}(x) = 0 \quad (1.10)$$

実際に(1.8)をw_0〜w_4で偏微分する作業は、数学好きの方への宿題として、ここでは、なぜ、(1.9)の条件でEが最小になるのかを図形的に説明しておきます。まず、1変数関数$f(x)$の場合、その微分係数$\frac{df}{dx}(x)$は、点xにおけるグラフの傾きを表していました。$f(x)$が最大／最小になる点ではグラフの傾きが 0 になるので、(1.10)が成立するという考え方です。ただし、厳密には、図1.13のように、最大、最小、極大、極小、停留点など、いくつかの場所で(1.10)が成り立ちます。仮に、$f(x)$が最小値のみを持つ（その他の極大値などは持たない）関数だとわかっていれば、(1.10)で決まるxが$f(x)$を最小にするものであると断言することができます。

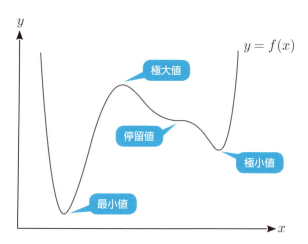

図1.13 グラフの傾きが0になる場所の例

一方、$E(w_0, w_1, w_2, w_3, w_4)$のような多変数関数の場合は、どのようになるのでしょうか？　ここでは、話を簡単にするために、次の2変数関数の場合を考えます。

$$h(x_1, x_2) = \frac{1}{4}\left(x_1^2 + x_2^2\right) \tag{1.11}$$

この場合、偏微分は簡単に計算できて、次のようになります。

$$\frac{\partial h}{\partial x_1}(x_1, x_2) = \frac{1}{2}x_1, \ \ \frac{\partial h}{\partial x_2}(x_1, x_2) = \frac{1}{2}x_2 \tag{1.12}$$

また、これらを並べたベクトルを次の記号で表して、関数$h(x_1, x_2)$の「勾配ベクトル」と呼びます。

$$\nabla h(x_1, x_2) = \begin{pmatrix} \frac{1}{2}x_1 \\ \frac{1}{2}x_2 \end{pmatrix} = \frac{1}{2}\begin{pmatrix} x_1 \\ x_2 \end{pmatrix} \tag{1.13}$$

1変数関数の微分係数$\dfrac{df}{dx}(x)$には、グラフの傾きという意味がありましたが、これと同様に、勾配ベクトルにも図形的な意味があります。まず、(x_1, x_2)を座標とする平面を考えて、$y = h(x_1, x_2)$のグラフを描くと、図1.14のような、すり鉢状の図形になりま

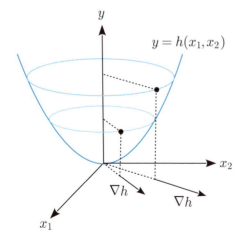

図1.14　2変数関数の勾配ベクトル

す。勾配ベクトル$\nabla h(x_1, x_2)$は、すり鉢の壁を登っていく方向に一致して、その大きさ$\|\nabla h(x_1, x_2)\|$は、壁を登る傾きに一致します。すり鉢の壁の傾きが大きいほど、勾配ベクトルも長くなるというわけです。

したがって、任意の点(x_1, x_2)から出発して、勾配ベクトルと反対の方向に歩いていけば、すり鉢の壁を降りて行くと同時に、勾配ベクトルの大きさはだんだん小さくなります。この例の場合、最終的に原点$(0, 0)$に到達した所で、$h(x_1, x_2)$は最小となり、勾配ベクトルの大きさも0になります。つまり、$h(x_1, x_2)$を最小にする(x_1, x_2)は、$\nabla h(x_1, x_2) = \mathbf{0}$という条件で決まることになります。

これはまた、$h(x_1, x_2)$を最小にする(x_1, x_2)を求めるアルゴリズムにもなります。現在の位置をベクトル表記で$\mathbf{x} = (x_1, x_2)^{\mathrm{T}}$として、新しい位置を次式で計算します[*4]。

$$\mathbf{x}^{\mathrm{new}} = \mathbf{x} - \nabla h \tag{1.14}$$

これを何度も繰り返していくと、図1.15のように、どこから出発したとしても、次第に原点に近づいていくことがわかります。このように、現在のパラメーターの値における勾配ベクトルを計算して、その反対方向にパラメーターを修正するアルゴリズムを一般に「勾配降下法」と呼びます。「関数のグラフが描く坂道を下っていく」という意味の名前です。この例の場合、厳密には、無限に修正を繰り返さないと原点には到達しませ

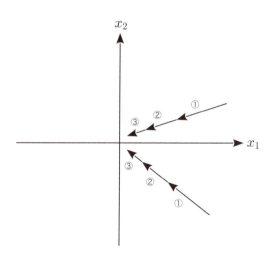

図1.15 勾配降下法で最小値に近づく様子

---

*4 本書では、$\mathbf{x}$などの文字は、成分を横にならべた横ベクトルを表す場合と、縦に並べた縦ベクトルを表す場合があり、どちらを表すかは、定義式から判別できるようにしてあります。ここでは、表記上の都合で、横ベクトル(x_1, x_2)に転置記号Tを付けることで縦ベクトルを表現しています。

んが、現実の問題では、十分に原点に近づいた所で計算を打ち切って、その時点の値を近似的な最適解として採用します。

そして、この時に注意しないといけないのが、パラメーターを修正する分量です。単純に (1.14) でパラメーターを修正した場合、状況によっては、最小値となる場所を行き過ぎてしまう可能性があります。たとえば、これと同じ手法を次の2つの例に適用してみます。

$$h_1(x_1, x_2) = \frac{3}{4}\left(x_1^2 + x_2^2\right) \tag{1.15}$$

$$h_2(x_1, x_2) = \frac{5}{4}\left(x_1^2 + x_2^2\right) \tag{1.16}$$

まず、それぞれの勾配ベクトルは、次式で与えられます。

$$\nabla h_1 = \frac{3}{2}\begin{pmatrix}x_1\\x_2\end{pmatrix} \tag{1.17}$$

$$\nabla h_2 = \frac{5}{2}\begin{pmatrix}x_1\\x_2\end{pmatrix} \tag{1.18}$$

これらについて、(1.14) を適用しながら移動していく様子を描くと、図1.16のよう

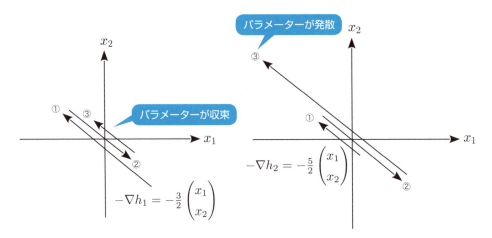

図1.16 勾配降下法による2種類の移動例

になります。$h_1(x_1, x_2)$の場合、勾配ベクトルの分だけ移動すると原点を通り越してしまいますが、それでも、原点の周りを往復しながら、徐々に原点に近づいていきます。一方、$h_2(x_1, x_2)$の場合は、勾配ベクトルが大きすぎるため、逆に原点から遠ざかってしまいます。

　一般に、勾配降下法によって、うまく最小値に近づいていくことを「パラメーターが収束する」、あるいは逆に、最小値から遠ざかって無限の遠方にいってしまうことを「パラメーターが発散する」と言います。実際に勾配降下法を適用する場合は、単純に勾配ベクトルの分だけ移動するのではなく、移動量を適当に小さくすることで、パラメーターが発散することを防止する必要があります。

　これは、具体的には、ϵを0.01や0.001などの小さな値として、次式でパラメーターを更新していきます。

$$\mathbf{x}^{\mathrm{new}} = \mathbf{x} - \epsilon \nabla h \tag{1.19}$$

　一般に、ϵのことを「学習率」と呼びます。これは、一回の更新でパラメーターをどの程度大きく修正するかを決定する値になります。学習率が小さいと最小値に達するまで、何度もパラメーターを更新する必要があり、パラメーターの最適化処理に時間がかかります。一方、学習率が大きすぎると、パラメーターが発散して、うまく最適化することができません。

　学習率の具体的な値は、問題に応じてうまく選択する必要があり、この部分は、機械学習の実践的なテクニックとなります。素朴にやる場合は、最初は小さめの値で試して、パラメーターの収束に時間がかかる場合は、値を大きくしてみるなどの試行錯誤を行います。

　あるいは、図1.13のように、複数の箇所に極小値を持つ場合は、真の最小値以外の場所（極小値）にパラメーターが収束する可能性もあります。これを避けて、真の最小値に到達するための工夫も必要となります。本書の中では、このような問題に対応するために、確率的勾配降下法やミニバッチなどのテクニックを使用しています。これらについては、「2.3.4 ミニバッチと確率的勾配降下法」で説明しています。

　さて、ここまで2変数関数の場合を考えてきましたが、変数の数が増えた場合でも、同じ考え方が適用可能です。(1.8) の二乗誤差$E(w_0, w_1, w_2, w_3, w_4)$を最小にするパラメーター$w_0 \sim w_4$を決定する場合であれば、これらを並べたベクトルを$\mathbf{w} = (w_0, w_1, w_2, w_3, w_4)^{\mathrm{T}}$として、適当な値から出発して、次式でパラメーターを更新していきます。

$$\mathbf{w}^{\mathrm{new}} = \mathbf{w} - \epsilon \nabla E(\mathbf{w}) \tag{1.20}$$

ここで、勾配ベクトル$\nabla E(\mathbf{w})$は次式で与えられます。

$$\nabla E(\mathbf{w}) = \begin{pmatrix} \frac{\partial E}{\partial w_0}(\mathbf{w}) \\ \vdots \\ \frac{\partial E}{\partial w_4}(\mathbf{w}) \end{pmatrix} \tag{1.21}$$

この時、(1.20)でパラメーターを更新するごとに、その点における勾配ベクトルの値を(1.21)で計算しなおす点に注意してください。(1.8)の例であれば、紙と鉛筆で偏微分を計算して、勾配ベクトルの関数形を具体的に決定することも可能です。それでも、パラメーターを更新するごとに、毎回、(1.21)の値を具体的に計算するのは大変です。

実際には、このような計算は、コンピューターを用いて自動化する必要があります。ここがまさに、機械学習、あるいは、ディープラーニングにおけるTensorFlowの役割になります。仮に、平均気温の予測問題にTensorFlowを利用するのであれば、次の手順でプログラムコードを書いていきます。

① 平均気温を予測するモデルとなる数式(1.7)をコードで記述する。
② (1.7)に含まれるパラメーターの評価基準となる誤差関数(1.8)をコードで記述する。
③ 図1.3に示した12ヶ月分の平均気温データを用いて、誤差関数を最小にするパラメーターを決定する。

これらは、ちょうど「機械学習モデルの3ステップ」に一致しています。③の部分は、基本的にはTensorFlowが自動的に行いますが、実際のコードの中では、勾配降下法に使用するアルゴリズムや学習率の指定を行います。また、③でパラメーターを最適化するために使用するデータの集合を「トレーニングセット」と呼びます。トレーニングセットのデータ量が膨大な場合、一度にすべてのデータを用いるのではなく、段階的にデータを投入しながらパラメーターを最適化していくなどのテクニックも必要となります。

このような実践的なテクニックは、この後、本書全体を通して解説を進めていきます。ここでは、特に、一般的な機械学習のライブラリーとTensorFlowの違いについて触れておきます。上述の①〜③の処理をプログラムコードから実行するという点では、一般

的なライブラリーとTensorFlowに大きな違いはありません。TensorFlowが異なるのは、ディープラーニングで用いられる大規模なニューラルネットワークに対して、③の計算処理を効率的に実施できるという点です。

　ディープラーニングの世界では、図1.2のCNNの例にあるように、畳み込みフィルターやプーリング層などの特殊な関数が登場します。さらに、これらが何層にも結合していきます。これら全体を1つの関数とみなして、その偏微分を計算するのは簡単なことではありません。このような複雑なニューラルネットワークに対して、偏微分を計算して勾配ベクトルを決定する、あるいは、決定した勾配ベクトルを用いて、勾配降下法でパラメーターを最適化するといったアルゴリズムが事前に用意されている点がTensorFlowの最大の特徴になります。

　また、畳み込みフィルターやプーリング層に相当する関数も事前に用意されています。これらの関数を組み合わせることで、複雑なニューラルネットワークに対応する数式についても、比較的コンパクトなコードにまとめることが可能です。さらに、実際に計算処理を行う際は、サーバーに搭載したGPUを用いて数値計算処理を高速実行する、あるいは、複数のサーバーを用いて並列計算処理を行うなどの機能も備わっています。GPUの利用方法や並列計算処理についての解説は、本書の対象外となりますが、TensorFlowを実用レベルで本格活用する際は、特に有用な機能となります。

Chapter 1-2 環境準備

　ここでは、実際にTensorFlowを用いて、本書のサンプルコードを実行できる環境を用意します。TensorFlowを直接インストールすることもできますが、なるべく簡単に、さまざまな環境で実行できるよう、本書ではTensorFlowをインストール済みのDocker用コンテナイメージを用意してあります[*5]。Linux、Mac OS X、Windowsなどの環境で、Dockerを利用して環境を起動することができます。Dockerは、アプリケーションの実行に必要なファイルをまとめた「コンテナイメージ」を作成して、Linuxコンテナ環境でアプリケーションを実行するソフトウェアです。

　この環境内には、TensorFlowとあわせて、オープンソースの「Jupyter」が導入されています。Jupyterは、Webブラウザー上の「ノートブック」でデータ分析処理を行う機能を提供します。図1.17のように、Webブラウザーを用いて、対話的にPythonのコードを編集／実行することができます。

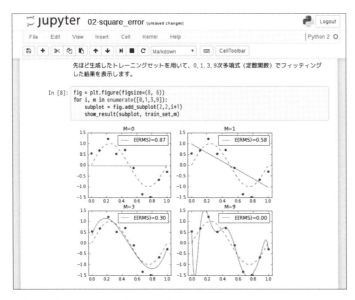

図1.17 Jupyterのノートブックを利用する様子

---

*5　コンテナイメージを作成する際に用いたDockerfileは、GitHub（https://github.com/enakai00/jupyter_tensorflow）で公開しています。独自のコンテナイメージを作成したい方は、こちらを参考にしてください。

ここでは、例として、CentOS 7を用いて環境を準備する方法を説明します。Dockerが利用できる環境であれば、その他のLinuxディストリビューションでも手順に大きな違いはないでしょう。また、参考として、Mac OS X、および、Windowsでの環境構築手順を巻末の付録に示してあります。

TensorFlowについては、本書の執筆時点の最新バージョンとなる0.9.0（GPU非対応版）を使用します。TensorFlowは、Python、および、C/C++に対応したライブラリーを提供していますが、多くの場合、Pythonのコードから利用します。本書が提供するコンテナイメージの環境では、Python 2.7を使用しています。ハードウェア環境は、4コアCPUと4GB以上の物理メモリーを想定しています。メモリー容量がこれより少ない場合、第4章、および、第5章のサンプルコードが実行できない場合がありますのでご注意ください。

1.2.1 CentOS 7での準備手順

ここでは、CentOS 7のDockerコンテナでJupyterを起動して、外部のWebブラウザーからネットワーク経由で接続して使用するものとします（図1.18）。Webブラウザーからの接続において、簡易的なパスワード認証はかかっていますが、通信経路の暗号化などは行われません。家庭内のプライベートネットワークなど、信頼できるネットワーク上で利用してください[*6]。

図1.18 ネットワーク経由でJupyterを使用する様子

---

*6 パブリッククラウドの仮想マシンなどをインターネット経由で使用する際は、SSHのトンネリング機能を用いて、通信経路の暗号化を行ってください。具体的な手順は、以下の筆者のBlog記事を参考にしてください。
「GCPでJupyterを利用する方法（GCEのVMインスタンスを利用する場合）」
http://enakai00.hatenablog.com/entry/2016/07/03/201117

01

はじめに、使用するサーバーにCentOS 7を最小構成で導入します。CentOSの公式ダウンロードサイトで「DVD ISO」を選択すると、複数のミラーサイトが表示されるので、任意のサイトからインストールメディアをダウンロードして使用してください。

- Download CentOS (https://www.centos.org/download/)

02

インストールが完了したら、rootユーザーでログインして作業を進めます。次のコマンドで、パッケージを最新にアップデートして、一度、システムを再起動しておきます（#よりも右側を入力します）。

```
# yum -y update
# reboot
```

03

システムが起動したら、再度、rootユーザーでログインして、Dockerをインストールした後に、dockerサービスを有効化して起動します。

```
# yum -y install docker
# systemctl enable docker.service
# systemctl start docker.service
```

04

次のコマンドを実行すると、インターネット上のDocker HUBからコンテナイメージをダウンロードして、コンテナでJupyterが起動します[*7]。「\」はコマンドの途中で改行する際に、入力する記号です。

---

*7 「Usage of loopback devices is strongly discouraged for production use.」という警告が表示されることがありますが、これは問題ありません。

```
# mkdir /root/data
# chcon -Rt svirt_sandbox_file_t /root/data
# docker run -itd --name jupyter -p 8888:8888 -p 6006:6006 \
    -v /root/data:/root/notebook -e PASSWORD=passw0rd \
    enakai00/jupyter_tensorflow:0.9.0-cp27
```

なお、「`-e PASSWORD`」オプションには、WebブラウザーからJupyterに接続する際の認証パスワードを指定します。この例では、「`passw0rd`」を指定しています。

05

起動したコンテナの状態は、次のコマンドで確認します（2行目以降は出力結果です）。

```
# docker ps
CONTAINER ID        IMAGE                                     COMMAND
CREATED             STATUS              PORTS
NAMES
8eaf692903e5        enakai00/jupyter_tensorflow:0.9.0-cp27    "/usr/local/bin/init."
5 seconds ago       Up 3 seconds        0.0.0.0:6006->6006/tcp, 0.0.0.0:8888->8888/tcp
jupyter
```

06

これで、TensorFlowを利用する環境の準備ができました。Webブラウザーから、URL「http://<サーバーのIPアドレス>:8888」に接続すると、パスワードの入力画面が表示されるので、先に指定したパスワードを入力して、図1.19の画面が表示されることを確認します。この後は、「1.2.2 Jupyterの使い方」に進んでください。

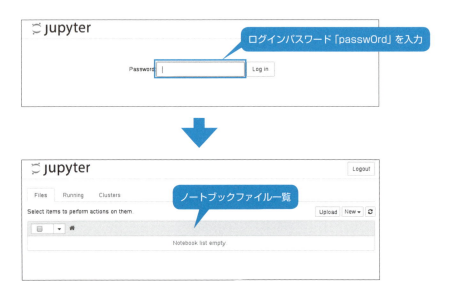

図1.19 Jupyterの起動画面

なお、コンテナを停止・再開・破棄する場合は、それぞれ、次のコマンドを実行します。

```
# docker stop jupyter
# docker start jupyter
# docker rm jupyter
```

ここで説明した手順でコンテナを起動した場合、Jupyterで作成したノートブックのファイルは、ディレクトリー**/root/data**以下に保存されており、コンテナを破棄してもファイルはそのまま残ります。この場合、手順 04 の3行目のコマンドで、再度、コンテナを起動すると、同じノートブックをそのまま利用することができます。

1.2.2 Jupyterの使い方

Jupyterでは、ノートブックと呼ばれるファイルを開いて、その中でPythonのコマンドやプログラムコードを対話的に実行していきます。1つのノートブックは複数のセルに分かれており、1つのセルには、実行するべきコマンドとその実行結果がセットで記録される形になります。

01

図1.19の初期状態では、まだノートブックのファイルはありません。図1.20の手順に従って、新しいノートブックを開いてみましょう。ノートブックファイル一覧画面の右にあるプルダウンメニューから「New」→「Python 2」を選択すると、新しいノートブックが開きます。デフォルトで「Untitled」というタイトルが付いているので、この部分をクリックして任意のタイトルを設定します。ここで設定したタイトル名に拡張子「.ipynb」を付けたものが、ノートブックのファイル名になります。

図1.20 新しいノートブックを作成

02

この後は、図1.21のように、Pythonのコードを入力して［Ctrl］+［Enter］を押すと、実行結果が表示されます。これが1つのセルとなります。セルで実行した結果は内部的に保持されており、1つのセルで変数に値を設定して、次のセルで変数の値を参照することも可能です。print文で明示的に結果を表示するほかに、最後に実行したコマンドの返り値が表示されるようになっています。たとえば、変数名だけを入力すると、その値が結果として表示されます。

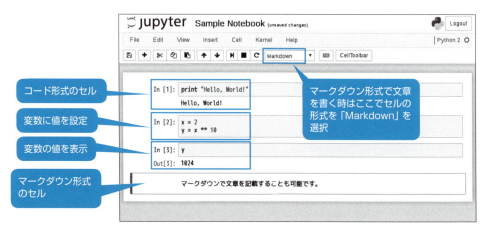

図1.21 ノートブックの利用例

Jupyterのノートブックでの操作について

　新しいセルを追加したり、セルの位置を上下に移動する際は、画面上の「+」「↑」「↓」のボタンを利用するほかに、表1.2のショートカットキーが利用できます。これらのショートカットは、[ESC]を押して、「コマンドモード」に入った後に利用します。コマンドモードでセルを選んで、[Enter]を押すとセルの編集モードに戻ります。

　また、セルにはいくつかの形式があり、「コード形式」のセルと「マークダウン形式」のセルが特によく利用されます。コード形式のセルは、コードを入力して実行するためのものですが、マークダウン形式のセルは、説明文などを記載するのに使用します。

表1.2 Jupyterノートブックの主なショートカットキー

ショートカットキー	説明
[ESC]	コマンドモードに入る
[Enter]	セルの編集モードに戻る
[A]	現在のセルの上にセルを追加（Above）
[B]	現在のセルの下にセルを追加（Bottom）
[C]	現在のセルをコピー
[X]	現在のセルをカット
[Shift] + [V]	現在のセルの上にセルをペースト
[V]	現在のセルの下にセルをペースト
[Y]	セルをコード形式に変更
[M]	セルをマークダウン形式に変更
[Ctrl] + [S]（Mac OS Xは⌘ + [S]）	ノートブックをファイルに保存

マークダウン形式でテキストを入力して、[Ctrl] + [Enter] で実行すると、フォーマットされた形で表示されます。セルの形式は、画面上部のツールバー、もしくは、ショートカットキーで変更します。

なお、先ほどの手順 02 で、セルで実行した結果は内部的に保持されていると説明しましたが、これは「カーネル」と呼ばれるプロセスが保持しています。これまでの実行結果を破棄して、最初からコードの実行を開始したい時は、図1.22の [Kernel] メニューからリスタート処理を行います。「Restart & Clear Output」を選択すると、カーネルのリスタートとあわせて、既存の出力内容も消去されます。

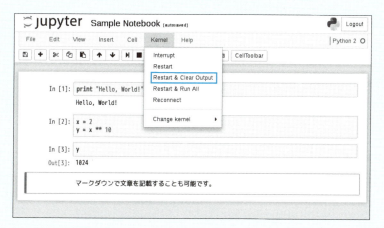

図1.22 カーネルのリスタートメニュー

また、ノートブックのファイルを取り出して外部に保存する際は、図1.23の「File」メニューから「Download as」→「Notebook (.ipynb)」を選択します。ダウンロードしたファイルは、図1.19のノートブックファイル一覧画面から右上の「Upload」を押して取り込むことが可能です。

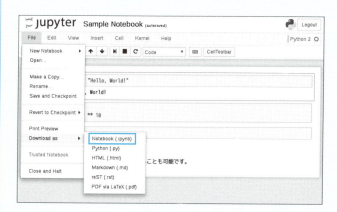

図1.23 ノートブックファイルのダウンロード

なお、使用済みのノートブックを閉じた後も、対応するカーネルのプロセスはそのまま実行を続けており、再度、同じノートブックを開くと、閉じたところから実行を再開することができます。ただし、実行中のカーネルが多数あると、サーバーのメモリーが不足することがありますので、不要なカーネルは停止しておくことをおすすめします。図1.19のノートブックファイル一覧画面で「Running」のタブを選択すると、稼働中のカーネルが一覧表示されるので、「Shutdown」を押して停止します。
　ここまでが、Jupyterの基本的な使い方になります。その他の詳細については、公式Webサイトのドキュメントなどを参考にしてください。

- Jupyter Documentation（http://jupyter.readthedocs.io/en/latest/index.html）

03

　最後にここで、本書のサンプルコードが記載されたノートブックファイルをダウンロードしておきます。新しく開いたノートブックのセルで、次のコマンドを実行してください。

```
!git clone https://github.com/enakai00/jupyter_tfbook
```

　ノートブックのセルの中では、先頭に「!」を付けることで、コンテナ内でLinuxのコマンドを実行することが可能です。ここでは、gitコマンドを用いて、インターネット上のGitHubで公開しているノートブックファイルを取得しています。

04

　この後、ノートブックのウィンドウを閉じて、ファイル一覧画面に戻ると、フォルダー「jupyter_tfbook」ができています。このフォルダーの下に、「Chapter01」「Chapter02」などの章別のフォルダーがあり、その中に各章で使用するサンプルコードのノートブックファイルが保存されています。これらのノートブックは、オリジナルの内容を失わないように、ノートブックのファイルをコピーしてから使用することをお勧めします。図1.24のように、ファイルを選択して「Duplicate」を押してコピーした後、コピーされたファイルを選択して、「Rename」から任意のファイル名を付けてください。

図1.24 ノートブックのファイルをコピーして使用

　また、ノートブック内では、以下のようにコードを記載したそれぞれのセルの前に、**[LSE-01]** といった形式のラベルから始まるコメントのセルが用意されています。本書内でサンプルコードを引用する際は、次のようにラベルを記載することで、ノートブック内のセルとの対応がとれるようにしてあります。また、セルごとに行番号を付与していますが、当然ながら、行番号は入力する必要はありません。そして、行番号がない行は出力結果なので、入力する必要はありません。

[LSE-01]

```
1: import tensorflow as tf
2: import numpy as np
3: import matplotlib.pyplot as plt
```

Chapter 1-3 TensorFlowクイックツアー

　ここでは、「1.1.1 機械学習の考え方」で紹介した、月々の平均気温を予測する問題をTensorFlowを用いて解いていきます。数学的には、予測値と観測値の二乗誤差を最小にするようにパラメーターを決定する「最小二乗法」の問題にあたります。TensorFlowを利用するほどの問題ではありませんが、まずは、このシンプルな問題で、TensorFlowの基本を学びます。

1.3.1 多次元配列によるモデルの表現

　TensorFlowでは、計算に使用するデータは、すべて多次元配列として表現します[*8]。多次元配列というと難しそうですが、たとえば、2次元配列に限定すれば、これは、行列ということになります。そこで、まずは、データの関係を行列で表現して、それをTensorFlowのコードに直していきます。

　たとえば、n月の予測気温y_nは（1.7）で計算されましたが、これは、行列を用いて次のように書きなおすことができます。

$$y_n = (n^0, n^1, n^2, n^3, n^4) \begin{pmatrix} w_0 \\ w_1 \\ w_2 \\ w_3 \\ w_4 \end{pmatrix} \quad (1.22)$$

　「これは、行列ではなくてベクトルだ」と言われそうですが、横ベクトル$(n^0, n^1, n^2, n^3, n^4)$は1×5行列、縦ベクトル$(w_0, w_1, w_2, w_3, w_4)^{\mathrm{T}}$は5×1行列だと解釈してください[*9]。さらに、次のように、12ヶ月分のデータを1つの計算式にまとめることも可能です。

[*8] 数学では、多次元配列で表される値を「Tensor」と言います。「TensorFlow」という名称は、これが由来になります。英語では「テンサー」と発音しますが、日本語では伝統的にドイツ読みで「テンソル」と呼んでいます。

[*9] $M \times N$行列とは、行数（縦の長さ）がMで、列数（横の長さ）がNの大きさの行列のことです。

$$\mathbf{y} = \mathbf{X}\mathbf{w} \tag{1.23}$$

ここで、$\mathbf{y}$, $\mathbf{X}$, $\mathbf{w}$は、それぞれ次式で定義されるベクトル、および、行列です。

$$\mathbf{y} = \begin{pmatrix} y_1 \\ y_2 \\ \vdots \\ y_{12} \end{pmatrix},\ \mathbf{X} = \begin{pmatrix} 1^0 & 1^1 & 1^2 & 1^3 & 1^4 \\ 2^0 & 2^1 & 2^2 & 2^3 & 2^4 \\ \vdots \\ 12^0 & 12^1 & 12^2 & 12^3 & 12^4 \end{pmatrix},\ \mathbf{w} = \begin{pmatrix} w_0 \\ w_1 \\ w_2 \\ w_3 \\ w_4 \end{pmatrix} \tag{1.24}$$

この時、これらの文字は、それぞれに役割が異なるという点に注意が必要です。まず、$\mathbf{X}$は、トレーニングセットとして与えられたデータから構成されます。TensorFlowでは、このようなトレーニングセットのデータを保存する変数を「Placeholder」と呼びます。次に、$\mathbf{w}$は、これから最適化を実施するパラメーターです。このような変数を「Variable」と呼びます。そして、$\mathbf{y}$は、PlaceholderとVariableから計算される値です。TensorFlowとしての特有の名称はありませんが、本書では「計算値」と呼んでおきます。

そして、パラメーターの最適化を実施するには、二乗誤差 (1.6) を求める必要があります。これは、予測値$\mathbf{y}$とトレーニングセットのデータ$\mathbf{t}$から計算されるものです。$\mathbf{t}$は次のように、n月の実際の平均気温t_nを縦に並べたベクトルです。

$$\mathbf{t} = \begin{pmatrix} t_1 \\ t_2 \\ \vdots \\ t_{12} \end{pmatrix} \tag{1.25}$$

ただし、一般的な行列演算だけを考えていると、(1.6) を行列形式に直すことはできません。そこで、ちょっとインチキですが、新しい演算を定義してしまいます。一般のベクトル$\mathbf{v} = (v_1, v_2, \cdots, v_N)^{\mathrm{T}}$に対して、次の2つの演算を定義します。

$$\mathrm{square}(\mathbf{v}) = \begin{pmatrix} v_1^2 \\ v_2^2 \\ \vdots \\ v_N^2 \end{pmatrix} \qquad (1.26)$$

$$\mathrm{reduce\_sum}(\mathbf{v}) = \sum_{i=1}^{N} v_i \qquad (1.27)$$

squareは、ベクトルの各成分を2乗するもので、reduce_sumは、ベクトルの各成分の和を計算します。これらの演算を利用すると、(1.6)は、次のように表せます。

$$E = \frac{1}{2}\mathrm{reduce\_sum}\left(\mathrm{square}(\mathbf{y}-\mathbf{t})\right) \qquad (1.28)$$

これで、平均気温を予測する関数(1.23)と、そこに含まれるパラメーターを最適化する基準となる誤差関数(1.28)を行列形式で表現することができました。言い換えると、TensorFlowの基本データ形式である多次元配列で表現できたことになります。これにより、これらをTensorFlowのコードに置き換えることが可能になります。

なお、(1.23)と(1.28)は、それぞれ、「機械学習モデルの3ステップ」のステップ①とステップ②に相当する点を思い出しておいてください。(1.28)では、squareとreduce_sumという新しい演算を勝手に導入しましたが、この後で説明するように、TensorFlowには、これらに相当する関数がちゃんと用意されています。

1.3.2 TensorFlowのコードによる表現

それでは、実際にこれらをTensorFlowのコードで表現してみましょう。本格的なプログラムを作成する場合は、モデルを表すクラスを用意するなど、コードのモジュール化を考慮する必要がありますが、ここでは、簡単にするために、Jupyterのノートブック上で、定義式を直接に書き下していきます。対応するノートブックは、「Chapter01/Least squares exmaple.ipynb」に用意されています。実際にノートブックを開いて、コードを実行しながら読み進めてください。なお、開いた直後のノートブックには、以前の実行結果が残っているので、図1.22のメニューから「Restart & Clear Output」

実行して、以前の実行結果を消去しておくとよいでしょう。

01

　まずはじめに、必要なモジュールをインポートしておきます。ここでは、TensorFlowの本体となるモジュールに加えて、数値計算ライブラリーのNumPyとグラフ描画ライブラリーのmatplotlibをインポートしています。

[LSE-01]

```
1: import tensorflow as tf
2: import numpy as np
3: import matplotlib.pyplot as plt
```

02

　続いて、(1.24) の**X**に相当する変数を定義します。これは、トレーニングセットのデータを保存する「Placeholder」に相当するものなので、tf.placeholderクラスのインスタンスとして用意します。

[LSE-02]

```
1: x = tf.placeholder(tf.float32, [None, 5])
```

---

tf.float32について

　1つめの引数である**tf.float32**は、行列の要素となる数値のデータ型を指定するものです。TensorFlowで使用する代表的なデータ型は、表1.1のようになります[*10]。**X**の要素自体は整数ですが、この後で浮動小数点演算を行うため、ここでは、tf.float32を指定しています。その後ろの**[None, 5]**は、行列のサイズを指定するもです。(1.24) では、12×5行列になっていますが、12という値は、データ数に相当する点に注意してください。パラメーターの最適化処理を行う際は、トレーニングセットのデータをすべてまとめて与えるのではなく、一部のデータのみをPlaceholderに入れて計算

---

*10　完全なリストについては、「Tensor Ranks, Shapes, and Types」（https://www.tensorflow.org/versions/r0.9/resources/dims_types.html）を参照。

することもあるため、**[None，5]**という指定により、データ数の部分のサイズをあえて**None**にしてあります。これは、TensorFlowに対して、任意のデータ数を受け入れるように指示することになります。

表1.1 TensorFlowの主なデータ型

データ型	説明
tf.float32	32ビット浮動小数点
tf.float64	64ビット浮動小数点
tf.int8	8ビット符号付き整数
tf.int16	16ビット符号付き整数
tf.int32	32ビット符号付き整数
tf.int64	64ビット符号付き整数
tf.string	文字列（バイト値の可変長配列）
tf.bool	Bool値
tf.complex64	複素数（32ビット浮動小数点の実部と虚部を持つ）

03

ちなみに、(1.23)の**X**に、あえて一部のデータだけを入れるとどうなるでしょうか？　たとえば、最初の3ヶ月分のデータだけを入れると次のような計算式になります。

$$\begin{pmatrix} y_1 \\ y_2 \\ y_3 \end{pmatrix} = \begin{pmatrix} 1^0 & 1^1 & 1^2 & 1^3 & 1^4 \\ 2^0 & 2^1 & 2^2 & 2^3 & 2^4 \\ 3^0 & 3^1 & 3^2 & 3^3 & 3^4 \end{pmatrix} \begin{pmatrix} w_0 \\ w_1 \\ w_2 \\ w_3 \\ w_4 \end{pmatrix} \qquad (1.29)$$

うまい具合に、対応する3ヶ月分の予測値が計算できています。つまり、(1.23)の関係式は、**X**に与えるデータ数によらずに成立することになります。続いて、この関係をTensorFlowのコードで表現していきます。

04

まず、(1.24) の **w** に相当するパラメーターを定義します。

[LSE-03]

```
1: w = tf.Variable(tf.zeros([5, 1]))
```

これは、最適化の対象となる「Variable」に相当するものなので、tf.Variableクラスのインスタンスとして定義します。引数の **tf.zeros([5, 1])** は、変数の初期値を与えており、これは、すべての要素が0の5×1行列になります。0以外の定数を与えたり、あるいは、乱数で変数を初期化することも可能です[*11]。

05

そして、(1.23) の計算式は、次のように表現されます。

[LSE-04]

```
1: y = tf.matmul(x, w)
```

tf.matmulは、行列の掛け算を行う関数で、先に定義したPlaceholder **x** とVariable **w** を用いて、(1.23) をそのまま表現していることがわかります。ここでは、**x** には、まだ具体的な値は入っておらず、**y** の値も具体的には決まっていない点に注意してください。先ほど、(1.23) の **y** を「計算値」と呼ぶと言いましたが、これは、あくまで関数関係を定義しているもので、実際の計算処理は、この後で別途実施されるものと考えてください。

06

次は、誤差関数 (1.28) をTensorFlowのコードで表現します。(1.28) の右辺には、先ほどコードで表現した予測気温 **y** に加えて、実際に観測された気温 **t** が含まれています。これは、先ほどの **x** と同様に、トレーニングセットのデータを保存する「Placeholder」として定義します。

---

*11 変数の初期値の生成に利用できる関数一覧は、「Constants, Sequences, and Random Values」(https://www.tensorflow.org/versions/r0.9/api_docs/python/constant_op.html) を参照。

[LSE-05]

```
1: t = tf.placeholder(tf.float32, [None, 1])
```

07

（1.25）を見ると、tは12×1行列に相当しますが、データ数の部分は任意にとれるように、**[None, 1]**というサイズ指定を行っています。これを用いて、誤差関数（1.28）は次のように表現できます。

[LSE-06]

```
1: loss = tf.reduce_sum(tf.square(y-t))
```

tf.reduce_sumとtf.squareは、それぞれ、reduce_sumとsquareに相当する関数になります。また、頭の1/2がありませんが、これは意図的に省略しています。Eが最小になるようにパラメーターを決定するという意味では、頭の1/2はあっても無くても結果に変わりはありませんので、コードを見やすくするために、あえて省略しています。

08

これで、「機械学習モデルの3ステップ」のステップ①とステップ②をTensorFlowのコードして表現することができました。この次は、ステップ③として、二乗誤差Eを最小にするパラメーターを決定するという処理へと進みます。「1.1.4 TensorFlowによるパラメーターの最適化」で説明したように、TensorFlowは、勾配降下法によるパラメーター最適化のアルゴリズムを内蔵しています。ここでは、最適化に使用するアルゴリズム（トレーニングアルゴリズム）を選択します。

[LSE-07]

```
1: train_step = tf.train.AdamOptimizer().minimize(loss)
```

tf.train.AdamOptimizerは、TensorFlowが提供するトレーニングアルゴリズムの1つです[*12]。与えられたトレーニングセットのデータから誤差関数を計算して、その勾配

---

*12 トレーニングアルゴリズムの一覧は、「Training」（https://www.tensorflow.org/versions/r0.9/api_docs/python/train.html）を参照。

ベクトルの反対方向にパラメーターを修正するという、(1.20)の処理を実施するものですが、学習率εに相当するパラメーターを自動的に調節する仕組みを持っています。比較的に性能がよく、学習率を手動で調整する必要がないため、ディープラーニングでよく利用されるアルゴリズムの1つです。その後ろの**minimize(loss)**というメソッドでは、先に定義した**loss**を誤差関数として、これを最小化するように指示を出しています。

これで、機械学習を実行する準備が整いました。この後は、実際にトレーニングアルゴリズムを動かして、誤差関数を最小にするパラメーターの値を決定します。

1.3.3 セッションによるトレーニングの実行

01

TensorFlowでは、トレーニングアルゴリズムの実行環境となる「セッション」を用意して、この中でパラメーター、すなわち、Variableに相当する変数の値を計算していきます。次は、新しいセッションを用意して、Variableを初期化する処理を行います。

[LSE-08]

```
1: sess = tf.Session()
2: sess.run(tf.initialize_all_variables())
```

ここでは、セッションを1つ用意して、変数**sess**に格納しています。一般には、図1.25のように、複数のセッションを定義して、それぞれのセッションごとに個別に計算を行うことも可能です。**[LSE-03]**で**w**を定義した段階では、そこには具体的な値は格納されておらず、あるセッションの中で**tf.initialize_all_variables()**を実行したタイミングで、そのセッション内におけるVariableの値が初期化されるものと考えてください。

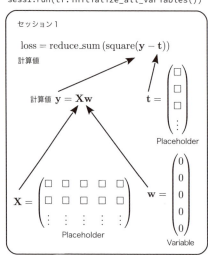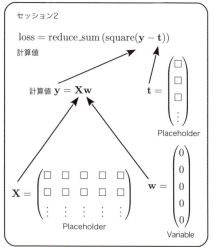

図1.25 セッション内で変数の値を管理する仕組み

02

そして、トレーニングアルゴリズムの実行もセッション内で実施します。この際、Placeholderにトレーニングセットのデータを代入する必要がありますので、まずは、これらのデータを用意します。

[LSE-09]

```
1: train_t = np.array([5.2, 5.7, 8.6, 14.9, 18.2, 20.4,
2:                     25.5, 26.4, 22.8, 17.5, 11.1, 6.6])
3: train_t = train_t.reshape([12,1])
4:
5: train_x = np.zeros([12, 5])
6: for row, month in enumerate(range(1, 13)):
7:     for col, n in enumerate(range(0, 5)):
8:         train_x[row][col] = month**n
```

ここでは、$\mathbf{t}$と$\mathbf{X}$に代入するデータをNumPyのarrayオブジェクトとして用意しています。arrayオブジェクトは、Pythonのリストに対して、数値計算処理に便利な機能を追加したラッパーです。`train_t`は、実際に観測された気温のデータで、図1.3の縦軸の値を並べた12×1行列になります。1～2行目で1次元リストとして用意した後、3行目

で12×1行列に変換しています。5〜8行目では、**train_x**を（1.24）の$\mathbf{X}$に相当する12×5行列として用意しています。

03

　それでは、いよいよ、勾配降下法によるパラメーターの最適化を実施します。次のコードでは、**[LSE-07]** で定義したトレーニングアルゴリズムを用いて、（1.20）に相当する修正を100,000回繰り返します。10,000回実施するごとに、その時点での誤差関数の値を計算して表示しています。

[LSE-10]

```
1: i = 0
2: for _ in range(100000):
3:     i += 1
4:     sess.run(train_step, feed_dict={x:train_x, t:train_t})
5:     if i % 10000 == 0:
6:         loss_val = sess.run(loss, feed_dict={x:train_x, t:train_t})
7:         print ('Step: %d, Loss: %f' % (i, loss_val))
```

```
Step: 10000, Loss: 31.014391
Step: 20000, Loss: 29.295158
Step: 30000, Loss: 28.033054
Step: 40000, Loss: 26.855808
Step: 50000, Loss: 25.771938
Step: 60000, Loss: 26.711918
Step: 70000, Loss: 24.436256
Step: 80000, Loss: 22.975143
Step: 90000, Loss: 22.194229
Step: 100000, Loss: 21.434664
```

　4行目では、セッション内でトレーニングアルゴリズム**train_step**を実行することで、Variableにあたる変数（今の場合は**w**）の値を修正します。この時、**feed_dict**オプションでPlaceholderに具体的な値をセットしています。この例のように、Placeholderを定義した変数をキーとするディクショナリーで値を指定します。また、6行目では、セッション内で計算値**loss**を評価しており、これは、その時点の値を取り出す効果があります。つまり、セッション内における、その時点でのVariableの値を用いて計算した結果を返します。Placeholderには、**feed_dict**オプションで指定され

た値が入ります。

　この実行結果を見ると、パラメーターの修正を繰り返すことで、誤差関数の値が減少していくことがわかります。ちなみに、50,000回目から60,000回目の間で、一瞬、値が増加していますが、その後、また減少しています。トレーニングアルゴリズムの性質にも依存しますが、一般に、勾配降下法によるトレーニングでは、このような変動を繰り返しながら、全体として、誤差関数が最小値へと近づいていきます。

04

　ただし、実際にどこまで減少すれば十分かを見極めるのは、それほど簡単ではありません[*13]。ここでは念のために、さらに100,000回だけトレーニングを繰り返しておきます。

[LSE-11]

```
1: for _ in range(100000):
2:     i += 1
3:     sess.run(train_step, feed_dict={x:train_x, t:train_t})
4:     if i % 10000 == 0:
5:         loss_val = sess.run(loss, feed_dict={x:train_x, t:train_t})
6:         print ('Step: %d, Loss: %f' % (i, loss_val))
```
```
Step: 110000, Loss: 20.749628
Step: 120000, Loss: 20.167929
Step: 130000, Loss: 19.527676
Step: 140000, Loss: 18.983555
Step: 150000, Loss: 18.480526
Step: 160000, Loss: 18.012512
Step: 170000, Loss: 17.615368
Step: 180000, Loss: 17.179623
Step: 190000, Loss: 16.879869
Step: 200000, Loss: 20.717033
```

---

*13 「2.1.3 テストセットを用いた検証」では、テストセットを用いた検証方法について説明しています。

05

最後にまた値の増加が見られるため、ここでトレーニングは打ち切って、この時点でのパラメーターの値を確認します。

[LSE-12]

```
1: w_val = sess.run(w)
2: print w_val
```

```
[[ 6.10566282]
 [-4.04159737]
 [ 2.51030278]
 [-0.2817387 ]
 [ 0.00828196]]
```

1行目では、**[LSE-10]** の6行目と同様に、セッション内でVariable **w**を評価することで、セッション内に保持されている値を取り出しています。Placeholderの値はVariableの値に影響しないので、ここでは、**feed_dict**オプションの指定は不要です。値は、NumPyのarrayオブジェクトとして取り出されており、print文で表示すると、行列形式に整形されて表示されます。

06

続いて、この結果を用いて、予測気温を次式で計算する関数を用意します。

$$y(x) = w_0 + w_1 x + w_2 x^2 + w_3 x^3 + w_4 x^4 = \sum_{m=0}^{4} w_m x^m \quad (1.30)$$

[LSE-13]

```
1: def predict(x):
2:     result = 0.0
3:     for n in range(0, 5):
4:         result += w_val[n][0] * x**n
5:     return result
```

07

そして、この関数をグラフに表示します。

[LSE-14]

```
1: fig = plt.figure()
2: subplot = fig.add_subplot(1,1,1)
3: subplot.set_xlim(1,12)
4: subplot.scatter(range (1,13), train_t)
5: linex = np.linspace(1,12,100)
6: liney = predict(linex)
7: subplot.plot(linex, liney)
```

　ここでは、matplolibが提供するpyplotモジュールの機能を利用しており、1行目で図形領域を示すオブジェクトを取得して、2行目では、その中にグラフを描く領域を用意しています。一般には、1つの図形領域に複数のグラフを並べることが可能で、**fig.add_subplot**の引数にある**(1,1,1)**は、**(y,x,n)**の形式において、「縦にy個、横にx個ならべたグラフ領域のn番目の場所」という意味になります。番号nは、図1.26のように数えます。0ではなく、1から始まる点に注意してください。

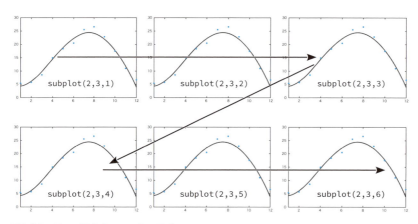

図1.26　グラフ領域（subplot）の順番

　また、3行目は、x軸の表示範囲の設定で、4行目はトレーニングセットのデータ、すなわち、実際に観測された月々の平均気温を散布図にプロットしています。pyplotモジュールでグラフを描画する際は、一般に、「x軸方向のデータのリスト」と「y軸方向のデータのリスト」を引数として与えます。

そして、5〜7行目において、[LSE-13]で用意した関数のグラフを描きます。5行目の`np.linspace(1,12,100)`は、1〜12の範囲を等間隔にわけた100個の値のリスト（NumPyのarrayオブジェクト）を返します。`linex`で与えられるx軸上の100個の位置に対応する点を結ぶことで、なめらかな曲線を表現します。一方、6行目では、このリストを関数に代入することで、それぞれに対応する関数値のリスト（NumPyのarrayオブジェクト）を取得しています。arrayオブジェクトには便利な性質があり、単一の値（スカラー）を代入するべき関数にarrayオブジェクトを代入すると、それぞれの値の関数値が再びarrayオブジェクトとして得られます[*14]。最後に7行目で、得られた結果を折れ線グラフに表示します。以上の結果、ノートブック上には、図1.27のグラフが表示されます。

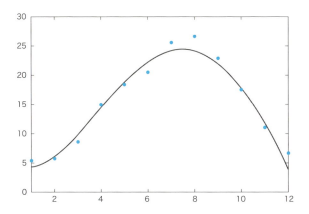

図1.27　トレーニング結果のグラフ

実は、この問題に関しては、勾配降下法を用いるのではなく、紙と鉛筆で厳密に答えを出すことも可能です。実際の誤差関数`loss`の最小値は約12で、予想気温のグラフは、「1.1.1 機械学習の考え方」の図1.4のようになります。[LSE-11]で得られた最小値はそれほど正確ではありませんが、2つのグラフを見比べると、図1.27はそれほど悪い結果ではないことがわかります。

TensorFlowでコードを書く時の基本的な流れは、以上になります。「機械学習モデルの3ステップ」をコードに置き換えていくという流れをよく理解しておいてください。コードの中で利用した、NumPyやmatplotlibなどは、TensorFlowに限らずに、数値計算やグラフの描画など、統計解析全般で使用されるツールになります。これらの利用

---

*14　厳密には、呼び出す関数が一定の条件を満たしている必要がありますが、この例のように、引数をそのまま演算処理している場合は、ほぼ大丈夫です。NumPyが提供する関数の多くは、この条件を満たしており、「ユニバーサル関数」と呼ばれます。

方法については、次の資料を参考にしてください。

- ITエンジニアのための機械学習理論入門 ― NumPy / pandasチュートリアル&サンプルコード解説編（http://www.slideshare.net/enakai/it-numpy-pandas）

Chapter 02
分類アルゴリズムの基礎

第2章のはじめに

　第1章の冒頭で、本書で取り扱うCNNの全体像をお見せしました。図2.1は、同じ図を再掲したものです。このニューラルネットワークを構成する各ノードの役割を理解することで、CNN、あるいは、より一般に、ディープラーニングの仕組みを根本から理解することが本書の目標でした。この際、興味深いことに、図2.1のニューラルネットワークは、右から左へと順に理解することができます。なぜなら、このニューラルネットワークは、右から左へと拡張しながら構成することができるからです。

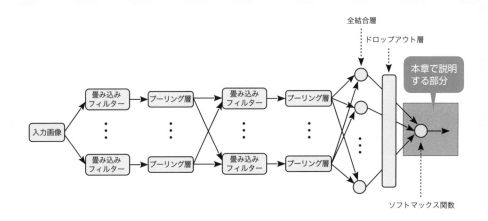

図2.1　CNNの全体像と本章で説明する部分

　たとえば、最初は、一番右の「ソフトマックス関数」だけからなる「世界で最もシンプルな」ニューラルネットワークを用意します。実は、これだけでも手書き文字の分類は実行可能です。ただし、認識の精度はそれほど高くはありません。そこで、次のステップとして、その前段に「全結合層」を追加したニューラルネットワークを用意します。これで、少し認識精度が向上します。

　このようにして、前段に新しい仕組みを追加していくことで、より認識精度の高いニューラルネットワークとして成長させていきます。そして、それぞれのステップで追加する仕組みを順番に理解していこうというのが、本書の戦略です。本章では、最初のステップとして、図2.1の一番右にある「ソフトマックス関数」、あるいは、より一般に「線形分類器」や「パーセプトロン」と呼ばれるノードの役割を解説します。

Chapter 2-1 ロジスティック回帰による二項分類器

　ここでは、簡単な例題として、「1.1.2 ニューラルネットワークの必要性」で紹介した「ウィルスの感染確率」を計算する例を取り上げます。与えられたデータを「ウィルスに感染している／していない」の2種類に分類するもので、一般に「二項分類器」と呼ばれるモデルになります。ただし、単純に2種類に分類するのではなく、確率を用いて計算を進めます。いきなり確率が出てきて、話が難しくなりそうな気がするかもしれませんが、心配は不要です。これまでに何度も登場した、次の「機械学習モデルの3ステップ」にそって、段階的に理解していきましょう。

①与えられたデータを元にして、未知のデータを予測する数式を考える
②数式に含まれるパラメーターの良し悪しを判断する誤差関数を用意する
③誤差関数を最小にするようにパラメーターの値を決定する

2.1.1 確率を用いた誤差の評価

　取り組むべき問題を再確認するために、第1章の図を再掲しておきます。まず、分析対象のデータは、図2.2のとおりです。あるウィルスの感染を調べる予備検査の結果が

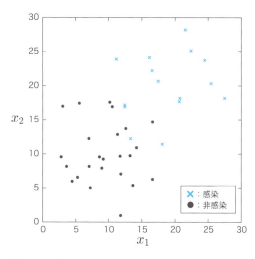

図2.2　予備検査の結果と実際の感染状況を示すデータ

x_1とx_2の2種類の数値で与えられており、それぞれの結果に対して、実際に感染していたかどうかがデータとして与えられています。これを元にして、新たな検査結果(x_1, x_2)が与えられた際に、この患者が実際に感染しているかどうかを判定することが目標です。

ただし、単純に2種類に分類するのではなく、この患者がウィルスに感染している確率$P(x_1, x_2)$を予測する数式を作ります。具体的には、図2.3のように、(x_1, x_2)平面を直線で分割して、直線上の点は、確率$P = 0.5$と仮定します。そして、図2.3の下にあるように、直線から離れるにしたがって、$P = 0$もしくは$P = 1$に向かってなめらかに変化するものと考えます。

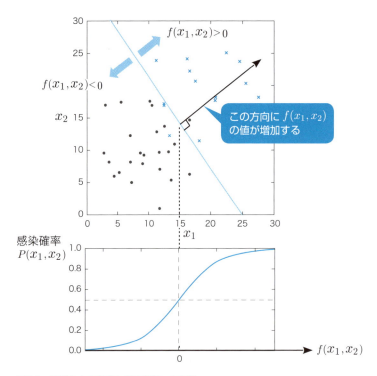

図2.3　直線による分類と感染確率への変換

それでは、単純に2分割するのではなく、わざわざ確率を用いて予測することには、どのような意味があるのでしょうか？　実際にはさまざまなメリットがあるのですが、ここでは特に、パラメーターの良し悪しを評価する「誤差関数」が自然に定義できるという点を取り上げます。具体的には、次のような流れになります。

まず、「1.1.2 ニューラルネットワークの必要性」で説明したように、(x_1, x_2)平面を分割する直線は、次式で与えられます。

$$f(x_1, x_2) = w_0 + w_1 x_1 + w_2 x_2 = 0 \tag{2.1}$$

さらに、$f(x_1, x_2)$ の値は、境界線から離れるにしたがって、$\pm \infty$ に向かって変化するので、これをシグモイド関数に代入することで、0〜1の確率の値に変換することができました。シグモイド関数 $\sigma(x)$ は、図2.3の下にあるように、0から1に向かってなめらかに変化する関数です。この後の計算で必要になるわけではありませんが、数学が得意な方のために、あえて具体的な数式を示しておくと、次のようになります。

$$\sigma(x) = \frac{1}{1 + e^{-x}} \tag{2.2}$$

以上により、(x_1, x_2) という検査結果に対して、ウィルスに感染している確率は、次式で計算されることになります。

$$P(x_1, x_2) = \sigma\left(f(x_1, x_2)\right) \tag{2.3}$$

これは、「機械学習モデルの3ステップ」におけるステップ①にあたります。この式には、(2.1) における、未知のパラメーター w_0, w_1, w_2 が含まれていますので、パラメーターの値の良し悪しを判定する基準を用意して（ステップ②）、最適な値を決定する（ステップ③）必要があります。

ここで、確率の考え方をうまく利用することができます。少し回りくどいやり方ですが、仮にパラメーター w_0, w_1, w_2 が具体的に決まっているものとして、最初に与えられたデータをあらためて予測し直してみます。これは、次の手順で実施します。まず、与えられたデータは全部で N 個あるものとして、n 番目のデータを (x_{1n}, x_{2n}) とします。また、このデータが実際に感染していたかどうか、つまり、予測の「正解」を表す値を $t_n = 0, 1$ とします。感染している場合が $t_n = 1$ で、感染していない場合が $t_n = 0$ になります。

そして、現在のモデルによれば、n 番目のデータが感染している確率は $P(x_{1n}, x_{2n})$ で与えられるので、この確率に応じて、「感染している」と予測します。たとえば、ちょうど $P(x_{1n}, x_{2n}) = 0.5$ であれば、コインを投げて表が出たら「感染している」と予測します。より一般には、0〜1の範囲で浮動小数点の乱数を発生して、その値が $P(x_{1n}, x_{2n})$ 以下であれば、「感染している」と予測することにします。――「乱数で予測するとは、なんて適当なことをするんだ」と思うかもしれませんが、まずは、そういう方法で予測するものとしてください。

そして、ここで問題です。このような方法で予測した場合、この予測が正解する確率はいくらでしょうか？　高校生の確率統計の問題だと思って、丁寧に場合分けをしながら考えてみましょう。

まず、$t_n = 1$、つまり、実際に感染している場合、「感染している」と予測する確率は、$P(x_{1n}, x_{2n})$そのものですので、これが正解する確率に一致します。一方、$t_n = 0$、つまり、実際には感染していない場合、「感染していない」と正しく予測する確率はいくらでしょうか？　これは、「1 −（感染していると予測する確率）」で計算できますので、正解する確率は、$1 - P(x_{1n}, x_{2n})$になります。したがって、高校生の試験問題であれば、次が模範解答になります。

n番目のデータを正しく予測する確率をP_nとして、次が成り立つ。
- $t_n = 1$の場合：$P_n = P(x_{1n}, x_{2n})$
- $t_n = 0$の場合：$P_n = 1 - P(x_{1n}, x_{2n})$

ここで、「高校生の試験問題」と書いたのには、理由があります。このような場合分けを含む書き方ではこの後の計算が煩雑になるので、ここでは、大学生の知識（？）を使って、これを1つの数式にまとめてしまいます。若干強引ですが、次のように表現することが可能です。

$$P_n = \{P(x_{1n}, x_{2n})\}^{t_n} \{1 - P(x_{1n}, x_{2n})\}^{1-t_n} \tag{2.4}$$

任意のxに対して、$x^0 = 1$、$x^1 = 1$となることを思い出して、$t_n = 1$の場合と$t_n = 0$の場合を分けて考えると、確かに「高校生の模範解答」に一致することがわかります。これで、n番目のデータを正しく予測する確率が計算できましたので、最後に、N個のデータすべてに正解する確率Pを計算しておきましょう。これは、個々のデータを正解する確率の掛け算で計算することができます。

$$P = P_1 \times P_2 \times \cdots \times P_N = \prod_{n=1}^{N} P_n \tag{2.5}$$

あるいは、(2.4) を代入して、次のように書くこともできます。

$$P = \prod_{n=1}^{N} \{P(x_{1n}, x_{2n})\}^{t_n} \{1 - P(x_{1n}, x_{2n})\}^{1-t_n} \tag{2.6}$$

実は、この確率が、パラメーターw_0, w_1, w_2を評価する基準になります。w_0, w_1, w_2の値を変えていくと、(2.1)(2.3)を通して、全問正解する確率(2.6)も変化するわけですが、当然ながら、この確率が高いほうが、与えられたデータに対して、より最適化されていると考えることができます。このように、「与えられたデータを正しく予測する確率を最大化する」という方針でパラメーターを調整する手法は、統計学の世界では、「最尤推定法」と呼ばれています[*1]。

これで、パラメーターの良し悪しを判断する基準、すなわち、「機械学習モデルの3ステップ」におけるステップ②が用意できました。ただし、TensorFlowで計算する場合、(2.6)のような掛け算を大量に含む数式は、計算効率がよくないため、次式で誤差関数Eを定義して、これを最小化するようにパラメーターの最適化を実施します。

$$E = -\log P \qquad (2.7)$$

対数関数$\log x$は、図2.4のように単調増加する関数ですので、Pを最大にすることと、$-\log P$を最小にすることは同値になります[*2]。さらに、対数関数に対して、一般に次の公式が成り立ちます。

$$\log ab = \log a + \log b, \ \log a^n = n \log a \qquad (2.8)$$

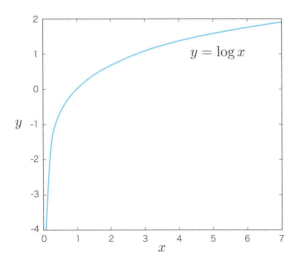

図2.4 対数関数のグラフ

[*1] 最尤推定法は、一般には、「与えられたデータが得られる確率」を最大化するものと説明されます。これは、落ち着いて考えると、ここで用いた「与えられたデータを正しく予測する確率」と同じものだとわかります。

[*2] 本書では、$\log$はネイピア定数$e = 2.718\cdots$を底とする自然対数を表すものとします。

（2.6）を（2.7）に代入して、（2.8）を適用すると、誤差関数 E は、次のように式変形されます。

$$
\begin{aligned}
E &= -\log \prod_{n=1}^{N} \{P(x_{1n}, x_{2n})\}^{t_n} \{1 - P(x_{1n}, x_{2n})\}^{1-t_n} \\
&= -\sum_{n=1}^{N} [t_n \log P(x_{1n}, x_{2n}) + (1-t_n) \log \{1 - P(x_{1n}, x_{2n})\}]
\end{aligned}
\tag{2.9}
$$

これですべての準備が整いました。この後は、「1.3 TensorFlow クイックツアー」と同様の方法で、ステップ①で用意したモデル（2.3）とステップ②で用意した誤差関数（2.9）をTensorFlowのコードで表現していきます。これにより、（2.9）を最小にするパラメーター w_0, w_1, w_2 を自動的に見つけ出すことが可能になります。

2.1.2 TensorFlowによる最尤推定の実施

それでは、これまでに準備した内容をTensorFlowのコードで表現していきます。対応するノートブックは、P.46でダウンロードした中に含まれる、「Chapter02/Maximum likelihood estimation example.ipynb」になります。

01

はじめに、必要なモジュールをインポートしておきます。

[MLE-01]

```
1: import tensorflow as tf
2: import numpy as np
3: import matplotlib.pyplot as plt
4: from numpy.random import multivariate_normal, permutation
5: import pandas as pd
6: from pandas import DataFrame, Series
```

この後、トレーニングセットとして使用するデータを乱数で発生して、pandasのデータフレームとして格納します。そのため、乱数の発生に使用するモジュールと、

pandasに関連したモジュールをインポートしています。pandasのデータフレームというのは、この後の例からもわかるように、スプレッドシート形式の2次元のデータセットになります。pandasの詳細については、ページ下部の注釈[1]を参考にしてください。

02

実際にトレーニングセットのデータを用意するコードは、次のようになります。

[MLE-02]

```
 1: np.random.seed(20160512)
 2:
 3: n0, mu0, variance0 = 20, [10, 11], 20
 4: data0 = multivariate_normal(mu0, np.eye(2)*variance0 ,n0)
 5: df0 = DataFrame(data0, columns=['x1','x2'])
 6: df0['t'] = 0
 7:
 8: n1, mu1, variance1 = 15, [18, 20], 22
 9: data1 = multivariate_normal(mu1, np.eye(2)*variance1 ,n1)
10: df1 = DataFrame(data1, columns=['x1','x2'])
11: df1['t'] = 1
12:
13: df = pd.concat([df0, df1], ignore_index=True)
14: train_set = df.reindex(permutation(df.index)).reset_index(drop=True)
```

　3～6行目は、$t=0$（非感染）のデータを乱数で発生して、8～11行目は、$t=1$（感染）のデータを乱数で発生しています。最後に、13～14行目では、これらのデータを1つにまとめた上で、より本物のデータらしくするために、行の順番をランダムに入れ替えています。なお、1行目は、乱数のシード（種）を指定するもので、ここで指定した値によって、その後に生成される乱数のパターンが決まります。シードを明示的に指定すると、毎回、同じデータが生成されるので、乱数を用いた場合であっても、同じデータで繰り返しテストすることが可能になります[*3]。

---

[1]　「Pythonによるデータ分析入門 ― NumPy、pandasを使ったデータ処理」Wes McKinney（著）、小林 儀匡（翻訳）、鈴木 宏尚（翻訳）、瀬戸山 雅人（翻訳）、滝口 開資（翻訳）、野上 大介（翻訳）、オライリージャパン（2013）

---

*3　これ以降の乱数を使用するコードでは、特に理由がない限り、必ず乱数のシードを設定するようにしています。シードの値は適当に決めたもので、特に深い理由はありません。

03

　また、Jupyterのノートブック上では、データフレームの内容は、表形式で確認することができます。変数**train_set**に格納したデータフレームの内容は、次のようになります。

[MLE-03]

```
1: train_set
```

	x1	x2	t
0	20.729880	18.209359	1
1	16.503919	14.685085	0
2	5.508661	17.426775	0
3	9.167047	9.178837	0

…… 以下省略 ……

04

　ただし、TensorFlowで計算する際は、各種のデータを多次元配列、すなわち、行列の形で表現する必要がありました。そこで、(x_{1n}, x_{2n})とt_nを$n=1$〜Nについて縦に並べた行列を次のように定義します。

$$\mathbf{X} = \begin{pmatrix} x_{11} & x_{21} \\ x_{12} & x_{22} \\ x_{13} & x_{23} \\ \vdots & \vdots \end{pmatrix},\ \mathbf{t} = \begin{pmatrix} t_1 \\ t_2 \\ t_3 \\ \vdots \end{pmatrix} \quad (2.10)$$

　これらに対応するデータをNumPyのarrayオブジェクトとして、変数**train_x**と**train_t**に格納しておきます。

[MLE-04]

```
1: train_x = train_set[['x1','x2']].as_matrix()
2: train_t = train_set['t'].as_matrix().reshape([len(train_set), 1])
```

05

また、(2.10) の行列 $\mathbf{X}$ を用いると、トレーニングセットに含まれるそれぞれのデータを (2.1) の $f(x_1, x_2)$ に代入した結果は、次のように表現できます。

$$\begin{pmatrix} f_1 \\ f_2 \\ f_3 \\ \vdots \end{pmatrix} = \begin{pmatrix} x_{11} & x_{21} \\ x_{12} & x_{22} \\ x_{13} & x_{23} \\ \vdots & \vdots \end{pmatrix} \begin{pmatrix} w_1 \\ w_2 \end{pmatrix} + \begin{pmatrix} w_0 \\ w_0 \\ w_0 \\ \vdots \end{pmatrix} \quad (2.11)$$

ここで、$f_n = f(x_{1n}, x_{2n})$ という記号を使用しています。さらに、これらをシグモイド関数に代入したものが、n 番目のデータが $t=1$ である確率 P_n になります。

$$\begin{pmatrix} P_1 \\ P_2 \\ P_3 \\ \vdots \end{pmatrix} = \begin{pmatrix} \sigma(f_1) \\ \sigma(f_2) \\ \sigma(f_3) \\ \vdots \end{pmatrix} \quad (2.12)$$

すこし複雑になりましたが、求めるべき確率 P_n を行列形式で計算することができましたので、まずは、ここまでをTensorFlowのコードで表現しておきます。

[MLE-05]
```
1: x = tf.placeholder(tf.float32, [None, 2])
2: w = tf.Variable(tf.zeros([2, 1]))
3: w0 = tf.Variable(tf.zeros([1]))
4: f = tf.matmul(x, w) + w0
5: p = tf.sigmoid(f)
```

1行目の**x**は、(2.10) の $\mathbf{X}$ に対応するPlaceholderです。今の場合、トレーニングセットに含まれるデータの数は、たまたま35個になっており、$\mathbf{X}$ は35×2行列ですが、Placeholderには、任意の数のデータが入れられるよう、**[None, 2]**というサイズを指定してあります。2行目の**w**は、$\mathbf{w} = (w_1, w_2)^{\mathrm{T}}$ に対応するVariableで、3行目の**w0**は、w_0 に対応するVariableです。そして、4行目の**f**は、$\mathbf{f} = (f_1, f_2, \cdots)^{\mathrm{T}}$ を表す計算値で、(2.11) に対応する計算を行っています。

ここで、4行目の計算における、**w0**の取り扱いに注意が必要です。tf.matmulは、行

列の掛け算を行う関数ですので、**tf.matmul(x, w)**は、$\mathbf{Xw}$、すなわち、$\mathbf{X}$に含まれるデータと同じ個数の要素を持つ縦ベクトルになります。一方、3行目を見ると、**w0**は、1要素の1次元リストとして定義されています。通常の意味では、これらを足すという操作はできませんが、ここでは、図2.5（1）の「ブロードキャストルール」が適用されます。これは、TensorFlowのリスト演算における特別なルールで、多次元リストに1要素からなる値を足した場合、リストの各要素に同じ値が足されます。同じく、図2.5（2）は、同じサイズの行列同士を「*」で掛け算した場合は、成分ごとの掛け算になることを示します。

（1）行列とスカラーの足し算は、各成分に対する足し算になる

$$\begin{pmatrix} 1 & 2 & 3 \\ 4 & 5 & 6 \\ 7 & 8 & 9 \end{pmatrix} + (10) = \begin{pmatrix} 11 & 12 & 13 \\ 14 & 15 & 16 \\ 17 & 18 & 19 \end{pmatrix}$$

（2）同じサイズの行列の「*」演算は、成分ごとの掛け算になる

$$\begin{pmatrix} 1 & 2 & 3 \\ 4 & 5 & 6 \\ 7 & 8 & 9 \end{pmatrix} * \begin{pmatrix} 10 & 100 & 1000 \\ 10 & 100 & 1000 \\ 10 & 100 & 1000 \end{pmatrix} = \begin{pmatrix} 10 & 200 & 3000 \\ 40 & 500 & 6000 \\ 70 & 800 & 9000 \end{pmatrix}$$

（3）スカラーを受け取る関数を行列に適用すると、各成分に関数が適用される

$$\sigma \begin{pmatrix} 1 \\ 2 \\ 3 \end{pmatrix} = \begin{pmatrix} \sigma(1) \\ \sigma(2) \\ \sigma(3) \end{pmatrix}$$

図2.5 リスト演算のブロードキャストルール

06

最後に、5行目の**p**は、$\mathbf{P} = (P_1, P_2, \cdots)^{\mathrm{T}}$に対応する計算値になります。ここでは、(2.12) に対応する計算を行っています。tf.sigmoidは、シグモイド関数を表しており、多次元リストを代入すると、それぞれの成分に対してシグモイド関数を適用した多次元リストが返るようになっています。これは、図2.5（3）に示した、関数適用に対するブロードキャストルールになります。全体として、図2.6の対応関係が成り立つことがわかります。

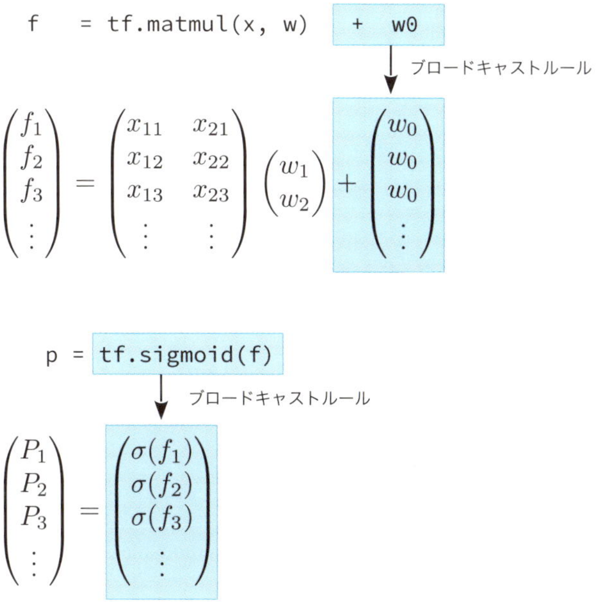

```
f    = tf.matmul(x, w)  + w0
```
                                    ↓ ブロードキャストルール

$$\begin{pmatrix} f_1 \\ f_2 \\ f_3 \\ \vdots \end{pmatrix} = \begin{pmatrix} x_{11} & x_{21} \\ x_{12} & x_{22} \\ x_{13} & x_{23} \\ \vdots & \vdots \end{pmatrix} \begin{pmatrix} w_1 \\ w_2 \end{pmatrix} + \begin{pmatrix} w_0 \\ w_0 \\ w_0 \\ \vdots \end{pmatrix}$$

```
p = tf.sigmoid(f)
```
             ↓ ブロードキャストルール

$$\begin{pmatrix} P_1 \\ P_2 \\ P_3 \\ \vdots \end{pmatrix} = \begin{pmatrix} \sigma(f_1) \\ \sigma(f_2) \\ \sigma(f_3) \\ \vdots \end{pmatrix}$$

図2.6 変数fと変数pが表す計算式

07

続いて、誤差関数をTensorFlowのコードで表現して、これを最小化するためのトレーニングアルゴリズムを指定します。誤差関数Eは、(2.9)で与えられており、対応するコードは次のようになります。

[MLE-06]

```
1: t = tf.placeholder(tf.float32, [None, 1])
2: loss = -tf.reduce_sum(t*tf.log(p) + (1-t)*tf.log(1-p))
3: train_step = tf.train.AdamOptimizer().minimize(loss)
```

1行目は、(2.10)の**t**に対応するPlaceholderで、トレーニングセットのデータを保存する場所になります。2行目では、図2.5のブロードキャストルールを利用することで、(2.9)の計算をうまくまとめています。tf.logは、対数関数logを表しており、落ち着いて考えると、tf.reduce_sumの引数部分について、図2.7の対応関係が確認できるはずです。

また、tf.reduce_sumは、「1.3.2 TensorFlow のコードによる表現」の**[LSE-06]**で用いたものと同じです。先ほどは、ベクトルの各成分を足し合わせる関数として利用

しましたが、一般には、行列、あるいは、多次元リストのすべての要素を足し合わせるという処理を行います。これで、変数**loss**は、(2.9)の誤差関数Eに一致することがわかります。最後に、3行目は、トレーニングアルゴリズム tf.train.AdamOptimizerに対して、**loss**を最小化するように設定しています。

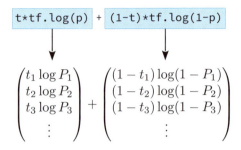

図2.7 tf.reduce_sumの引数部分

08

これで、誤差関数を最小にするパラメーターを計算する準備は完了ですが、計算を始める前に、「正解率」を表す計算値を補助的に定義しておきます。仮に、n番目のデータに対して、$P_n \geq 0.5$であれば$t=1$、そうでなければ$t=0$と単純に予測するものとして、正解率がいくらになるかを計算するというものです。

[MLE-07]

```
1: correct_prediction = tf.equal(tf.sign(p-0.5), tf.sign(t-0.5))
2: accuracy = tf.reduce_mean(tf.cast(correct_prediction, tf.float32))
```

1行目は、$(P_n - 0.5)$と$(t_n - 0.5)$の符号を比較することで、予測が正解しているかどうかを判定しています。tf.signは符号を取り出す関数で、tf.equalは2つの引数の値が等しいかどうかを判定して、Bool値を返す関数です。いずれも、関数適用のブロードキャストルール（図2.5 (3)）が適用されるので、**correct_prediction**は、トレーニングセットの各データについて、正解したかどうかのBool値を並べた縦ベクトルになります。

2行目では、tf.cast関数で、Bool値を1, 0の値に変換して、全体の平均値を計算しています。tf.reduce_meanは、ベクトル（一般には、多次元リスト）の各成分の平均値を計算する関数です。正解なら1、不正解なら0が並んだベクトルの平均値を計算してい

るので、これが結局、正解率の値となります。この後、勾配降下法でパラメーターの最適化を行う際に、誤差関数の値が減少するとともに、正解率**accuracy**の値がどのように変化するかをあわせて確認していきます。

09

それでは、パラメーターの最適化を実施していきます。まずは、セッションを用意して、Variableの値を初期化します。

[MLE-08]

```
1: sess = tf.Session()
2: sess.run(tf.initialize_all_variables())
```

10

続いて、勾配降下法によるパラメーターの最適化を20,000回繰り返します。ここでは、2,000回繰り返すごとに、その時点での誤差関数**loss**と正解率**accuracy**の値を計算して表示しています。

[MLE-09]

```
1: i = 0
2: for _ in range(20000):
3:     i += 1
4:     sess.run(train_step, feed_dict={x:train_x, t:train_t})
5:     if i % 2000 == 0:
6:         loss_val, acc_val = sess.run(
7:             [loss, accuracy], feed_dict={x:train_x, t:train_t})
8:         print ('Step: %d, Loss: %f, Accuracy: %f'
9:                % (i, loss_val, acc_val))
```

```
Step: 2000, Loss: 15.165894, Accuracy: 0.885714
Step: 4000, Loss: 10.772635, Accuracy: 0.914286
Step: 6000, Loss: 8.197757, Accuracy: 0.971429
Step: 8000, Loss: 6.576121, Accuracy: 0.971429
Step: 10000, Loss: 5.511973, Accuracy: 0.942857
Step: 12000, Loss: 4.798011, Accuracy: 0.942857
```

```
Step: 14000, Loss: 4.314180, Accuracy: 0.942857
Step: 16000, Loss: 3.986264, Accuracy: 0.942857
Step: 18000, Loss: 3.766511, Accuracy: 0.942857
Step: 20000, Loss: 3.623064, Accuracy: 0.942857
```

4行目でトレーニングアルゴリズムを実行する際は、**feed_dict**オプションに**[MLE-04]**で用意しておいたトレーニングセットのデータを指定することで、Placeholderに具体的な値をセットしています。6～7行目では、その時点でのVariable（今の場合は、**w**と**w0**）の値を用いて、**loss**と**accuracy**の値を計算して、それぞれ、**loss_val**と**acc_val**に保存しています。セッション内で計算値を評価する際は、この例にある**[loss, accuracy]**のように、リスト形式で複数の変数を指定することで、複数の値を同時に取得することができます。

実行結果を見ると、誤差関数の値は減少を続けていますが、正解率については、一定の値よりは下がらなくなっています。先の図2.3からもわかるように、そもそも、このトレーニングセットのデータを直線で完全に分類することはできませんので、正解率が100%になることは原理的にあり得ません。

11

最適化の処理はここで打ち切って、この時点でのパラメーター（Variable）の値を取得しておきます。

[MLE-10]
```
1: w0_val, w_val = sess.run([w0, w])
2: w0_val, w1_val, w2_val = w0_val[0], w_val[0][0], w_val[1][0]
3: print w0_val, w1_val, w2_val
```
```
-15.6304 0.5603 0.492596
```

1行目では、セッション内でVariableを評価することで、セッション内における値を取り出しています。**w0**と**w**は、それぞれ、1要素のみのリスト、および、2×1行列として定義されているので、2行目では、インデックスを指定して具体的な値の部分を取り出しています（図2.8）。

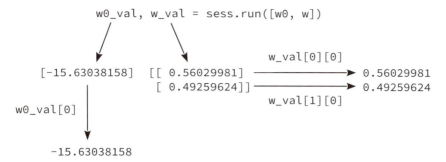

図2.8 Variableからの値の取り出し

　なお、「1.3 TensorFlow クイックツアー」の例では、全部で200,000回のパラメーター修正を行いましたが、この例では、その10分の1にあたる20,000回で処理を打ち切っています。パラメーターの値が最適値に収束するまでの時間（修正回数）は、使用するモデルやパラメーター数、あるいは、トレーニングに使用するデータによって大きく異なります。この例のように、誤差関数や正解率の値がどのように変化するかを見ながら、処理を打ち切るタイミングを判断する必要があります[*4]。

12

　最後に、取り出した値を用いて、結果をグラフに表示します。

[MLE-11]

```
 1: train_set0 = train_set[train_set['t']==0]
 2: train_set1 = train_set[train_set['t']==1]
 3:
 4: fig = plt.figure(figsize=(6,6))
 5: subplot = fig.add_subplot(1,1,1)
 6: subplot.set_ylim([0,30])
 7: subplot.set_xlim([0,30])
 8: subplot.scatter(train_set1.x1, train_set1.x2, marker='x')
 9: subplot.scatter(train_set0.x1, train_set0.x2, marker='o')
10:
11: linex = np.linspace(0,30,10)
12: liney = - (w1_val*linex/w2_val + w0_val/w2_val)
```

---

*4　ただし、この例のようにトレーニングセットのデータに対する正解率を見るのは、あまり適切ではありません。正解率を用いたトレーニング結果の確認については、「2.1.3 テストセットを用いた検証」を参考にしてください。

```
13: subplot.plot(linex, liney)
14:
15: field = [[(1 / (1 + np.exp(-(w0_val + w1_val*x1 + w2_val*x2))))
16:           for x1 in np.linspace(0,30,100)]
17:           for x2 in np.linspace(0,30,100)]
18: subplot.imshow(field, origin='lower', extent=(0,30,0,30),
19:                cmap=plt.cm.gray_r, alpha=0.5)
```

ここでは、トレーニングセットに含まれるデータ、$f(x_1, x_2) = 0$で決まる直線（確率$P(x_1, x_2) = 0.5$となる境界線）、そして、(x_1, x_2)平面全体での確率$P(x_1, x_2)$の変化の様子を1つのグラフにまとめて表示しており、図2.9の結果が得られます。グラフ上の色の濃淡が確率$P(x_1, x_2)$の値の大きさに対応しており、図2.3の下に示したシグモイド関数の形が色の濃淡としてきれいに表現されていることがわかります。(2.2)のシグモイド関数は、ロジスティック関数とも呼ばれており、ここで用いた分析手法は、ロジスティック回帰とも呼ばれます。

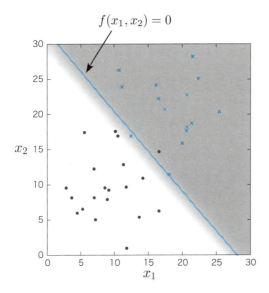

図2.9 ロジスティック回帰による分析結果

なお、図2.9の境界線付近では、感染／非感染のデータが混在しているという事実を反映して、確率が0から1へとゆるやかに変化しています。仮に、境界線を大きくこえて、より広い範囲でデータが混在している場合、この変化の具合はさらにゆるやかになります。逆に、境界線できれいにデータが分かれる場合は、境界線上で、一気に確率が

変化することになります。

　ここで、グラフを描画するコードについて簡単に説明しておきます。[MLE-11]の1～2行目は、トレーニングセットのデータから、$t=0$と$t=1$のデータを個別に取り出しており、4～9行目において、異なる記号（×と○）を用いて散布図を描いています。11～13行目は、先に取得したパラメーターの値を用いて、直線$f(x_1, x_2)=0$を描きます。最後に、15～19行目は、確率$P(x_1, x_2)$の変化を色の濃淡で表示しています。(x_1, x_2)平面（$0 \leq x_1 \leq 30, 0 \leq x_2 \leq 30$の範囲）を100×100のセルに分割して、それぞれのセルにおける$P(x_1, x_2)$の値を2次元リスト**field**に格納した後、これを色の濃淡で表示するという処理を行っています。

2.1.3 テストセットを用いた検証

　先ほどのサンプルコードでは、パラメーターの最適化が進むにつれて、「正解率」がどのように変化するかを確認しました。この例では、最終的に、約94％の正解率を達成しています。しかしながら、機械学習において、トレーニングセットに対する正解率を計算することにはあまり意味がありません。むしろ、パラメーター最適化の結果に対して、誤った理解を与える危険性があります。

　というのは、機械学習において重要なのは、与えられたデータを正確に予測することではなく、これから先に得られるであろう未知のデータ（すなわち、未来のデータ）に対する予測の精度を向上することだからです。特に多数のパラメーターを含むモデルを使用する場合、トレーニングセットのデータだけが持つ特徴に対して、過剰な最適化が行われてしまうことがあります。この場合、トレーニングセットに対する正解率は非常に高いにもかかわらず、未知のデータに対する予測精度はあまりよくないという結果になります。このような現象を過学習、もしくは、オーバーフィッティングと呼びます。

　オーバーフィッティングを避ける方法として、トレーニングセットとして与えられたデータのすべてを用いるのではなく、あえて、一部のデータをテスト用に取り分けておくという手法があります。たとえば、80％のデータでトレーニングを行いながら、残りの20％のデータに対する正解率の変化を見ていきます。トレーニングに使用しないデータに対する正解率というのは、未知のデータに対する正解率に相当するものと期待するわけです。厳密には、現在手元にあるデータと、これから得られる未来のデータが同じ性質を持っているという保証はありませんが、トレーニングセットそのものの正解率を見るよりは、ずっとよい方法だと考えられます。

　ここでは、先ほどのコードを修正して、トレーニングセットとテストセットのそれぞ

れに対する正解率の変化を確認してみます。対応するノートブックは、「Chapter02/Comparing accuracy for training and test sets.ipynb」になります。ポイントとなる部分を選んで解説していますので、コードの全体像は、実際のノートブックを参照してください。

01

まず、次は、乱数でデータを生成した後、80%をトレーニングセットのデータ、20%をテストセットのデータとして取り分けています。テストセットのデータ量が少なくなりすぎないよう、全体として、先ほどの40倍のデータを生成しています。

[CAF-02]

```
 1: n0, mu0, variance0 = 800, [10, 11], 20
 2: data0 = multivariate_normal(mu0, np.eye(2)*variance0 ,n0)
 3: df0 = DataFrame(data0, columns=['x','y'])
 4: df0['t'] = 0
 5:
 6: n1, mu1, variance1 = 600, [18, 20], 22
 7: data1 = multivariate_normal(mu1, np.eye(2)*variance1 ,n1)
 8: df1 = DataFrame(data1, columns=['x','y'])
 9: df1['t'] = 1
10:
11: df = pd.concat([df0, df1], ignore_index=True)
12: df = df.reindex(permutation(df.index)).reset_index(drop=True)
13:
14: num_data = int(len(df)*0.8)
15: train_set = df[:num_data]
16: test_set = df[num_data:]
```

02

この後、**feed_dict**オプションでPlaceholderに格納するために、トレーニングセット、テストセットのそれぞれについて、(x_{1n}, x_{2n})のみを集めたデータとt_nのみを集めたデータを個別の変数に保存しておきます。

[CAF-03]

```
1: train_x = train_set[['x','y']].as_matrix()
2: train_t = train_set['t'].as_matrix().reshape([len(train_set), 1])
3: test_x = test_set[['x','y']].as_matrix()
4: test_t = test_set['t'].as_matrix().reshape([len(test_set), 1])
```

03

この後、確率$P(x_1, x_2)$、誤差関数E、正解率などの数式をTensorFlowのコードで表現する部分は、先ほどとまったく同じになります。そして、セッションを用意してVariableを初期化した後に、実際の最適化処理を行う部分が次のコードになります。

[CAF-06]

```
1: train_accuracy = []
2: test_accuracy = []
3: for _ in range(2500):
4:     sess.run(train_step, feed_dict={x:train_x, t:train_t})
5:     acc_val = sess.run(accuracy, feed_dict={x:train_x, t:train_t})
6:     train_accuracy.append(acc_val)
7:     acc_val = sess.run(accuracy, feed_dict={x:test_x, t:test_t})
8:     test_accuracy.append(acc_val)
```

ここでは、パラメーターの修正を1回行うごとに、その時点でのトレーニングセットとテストセットに対する正解率を計算して、リストに保存するという処理を2,500回繰り返しています。5行目と7行目で**feed_dict**オプションに指定する変数が異なる点に注意してください。5行目では、トレーニングセットのデータをPlaceholderに格納して計算することで、トレーニングセットに対する正解率を求めます。一方、7行目では、テストセットのデータをPlaceholderに格納することで、テストセットに対する正解率を求めています。このように、1つのセッションの中で、Placeholderに格納する値を取り替えることで、異なるデータに対する計算を実施することが可能です。

04

最後に、正解率の変化の様子をグラフに表示します。

[CAF-07]

```
1: fig = plt.figure(figsize=(8,6))
2: subplot = fig.add_subplot(1,1,1)
3: subplot.plot(range(len(train_accuracy)), train_accuracy,
4:              linewidth=2, label='Training set')
5: subplot.plot(range(len(test_accuracy)), test_accuracy,
6:              linewidth=2, label='Test set')
7: subplot.legend(loc='upper left')
```

このコードを実行すると、図2.10の結果が得られます。この例では、それほど顕著ではありませんが、トレーニングセットとテストセットで正解率の変化の様子が異なることがわかります。仮に、オーバーフィッティングが発生した場合は、トレーニングセットよりも先に、テストセットに対する正解率が増加しなくなります。先ほど説明したように、トレーニングセットのデータに対してのみ、最適化が行われてしまうためです。機械学習で得られたモデルの性能は、トレーニングに使用しなかったデータ、すなわち、テストセットに対する予測精度で判定するということを覚えておいてください。

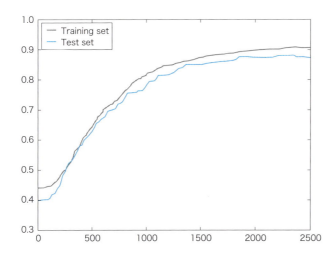

図2.10
トレーニングセットとテストセットに対する正解率の変化

この後は、手書き文字の分類という、より実践的な課題に取り組んでいきますが、この時も同じ考え方を用います。与えられたデータのすべてをトレーニングに使用するのではなく、一部のデータをテストセットとして取り分けておき、最終的なトレーニング結果の良し悪しは、テストセットに対する正解率で判定を行います。

Chapter 2-2 ソフトマックス関数と多項分類器

　前節では、ロジスティック回帰を用いて(x_1, x_2)平面上のデータを2種類に分類することに成功しました。これは、一般に、二項分類器、もしくは、パーセプトロンと呼ばれるモデルになります。一方、本書のゴールである手書き文字の分類においては、与えられたデータをさらに多数の種類に分類する必要があります。具体的には、図2.11に示した「0」〜「9」の手書き数字の画像を正しく分類するということを目指します。この場合は、与えられたデータを10種類に分類することになります。

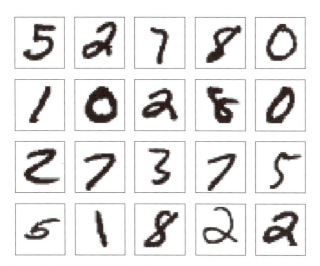

図2.11　手書き数字の画像データ

　ここでは、与えられたデータを3種類以上に分類する多項分類器と、分類結果を確率で表現するソフトマックス関数について解説を行います。

2.2.1 線形多項分類器の仕組み

　はじめに、最もシンプルな多項分類器の例として、(x_1, x_2)平面を3つの領域に分割する方法を説明します。その準備として、「2.1.1 確率を用いた誤差の評価」の（2.1）で定義した、1次関数$f(x_1, x_2)$の図形的な性質を思い出しておきます。これは、$f(x_1, x_2) = 0$

で定義される直線が平面の分割線を表すと同時に、分割線から遠ざかるにつれて、$\pm\infty$に値が変化していきます。z軸を加えて、$z = f(x_1, x_2)$のグラフを3次元空間に描くと、図2.12のようになります。平らな板を3次元空間に斜めに配置したような状態です。この板が、$z = 0$で決まる平面の上下どちらにあるかで、(x_1, x_2)平面が2つの領域に分割される様子がわかります。

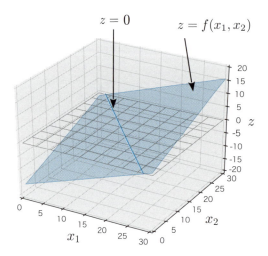

図2.12 1次関数$f(x_1, x_2)$を3次元のグラフに表示

ここで、この様子を念頭に置きながら、おもむろに、次の3つの1次関数を用意してみます。

$$f_1(x_1, x_2) = w_{01} + w_{11}x_1 + w_{21}x_2 \tag{2.13}$$

$$f_2(x_1, x_2) = w_{02} + w_{12}x_1 + w_{22}x_2 \tag{2.14}$$

$$f_3(x_1, x_2) = w_{03} + w_{13}x_1 + w_{23}x_2 \tag{2.15}$$

これら3つの1次関数のグラフを3次元空間に描くと、どのようになるか想像できるでしょうか？　結論から言うと、図2.13のような状態になります。異なる方向に傾いた3枚の板を3次元空間に配置すると、2枚の板が交わる3本の線は、かならずある一点で交わります。その結果、3枚の板のどれが一番上になっているかで、(x_1, x_2)平面を3つの領域に分割することが可能になります。

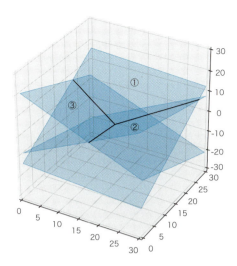
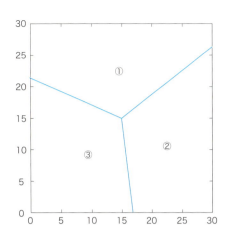

図2.13 3枚の板を用いて平面を3分割する様子

図2.13の例において、①〜③の領域は、それぞれ、$f_1(x_1, x_2)$, $f_2(x_1, x_2)$, $f_3(x_1, x_2)$ が一番上の場所に対応します。あえて数学的に表現するなら、次のように領域を定義することも可能です。

$$\begin{cases} ① = \{(x_1, x_2) \mid f_1(x_1, x_2) > f_2(x_1, x_2), f_1(x_1, x_2) > f_3(x_1, x_2)\} \\ ② = \{(x_1, x_2) \mid f_2(x_1, x_2) > f_1(x_1, x_2), f_2(x_1, x_2) > f_3(x_1, x_2)\} \\ ③ = \{(x_1, x_2) \mid f_3(x_1, x_2) > f_1(x_1, x_2), f_3(x_1, x_2) > f_2(x_1, x_2)\} \end{cases} \quad (2.16)$$

ちなみに、3枚の板がかならず1点で交わるということは、図形的に考えて理解することもできますが、数学的にも簡単に確認できます。3枚の板が交わる点(x_1, x_2)は、次の連立方程式の解として決定することができます。

$$\begin{cases} f_1(x_1, x_2) = f_2(x_1, x_2) \\ f_2(x_1, x_2) = f_3(x_1, x_2) \end{cases} \quad (2.17)$$

これは、2変数(x_1, x_2)の連立一次方程式ですので、解が一意的に定まり、それが3枚の板が交わる点(x_1, x_2)になります。数学好きの方のために計算式を示すと、次のようになります。まず、(2.13)〜(2.15)を代入すると、(2.17)は次のように行列形式で書きなおすことができます。

$$\mathbf{M} \begin{pmatrix} x_1 \\ x_2 \end{pmatrix} = \mathbf{w} \tag{2.18}$$

ここに、$\mathbf{M}$と$\mathbf{w}$は、次式で定義される行列、および、ベクトルです。

$$\mathbf{M} = \begin{pmatrix} w_{11} - w_{12} & w_{21} - w_{22} \\ w_{12} - w_{13} & w_{22} - w_{23} \end{pmatrix}, \mathbf{w} = \begin{pmatrix} w_{02} - w_{01} \\ w_{03} - w_{02} \end{pmatrix} \tag{2.19}$$

したがって、$\mathbf{M}$の逆行列を用いて、(2.18)の解は次のように決まります。

$$\begin{pmatrix} x_1 \\ x_2 \end{pmatrix} = \mathbf{M}^{-1} \mathbf{w} \tag{2.20}$$

ただし、厳密には、この議論が成り立つには、$\mathbf{M}$の逆行列が存在すること、つまり、$\det \mathbf{M} \neq 0$という条件が必要になります。詳しい計算は数学好きの方への宿題としますが、$\det \mathbf{M} = 0$の場合は、図2.14のように、3枚の板が同じ直線で交わる場合や、2枚の板が互いに平行になるような場合に相当します。この場合、ある特定の1枚の板は、他の板の上に来ることはないので、(x_1, x_2)平面は2つの領域に分割されることになります。あるいは、3枚の板がすべて平行であれば、領域は1つだけになるでしょう。

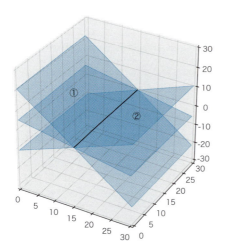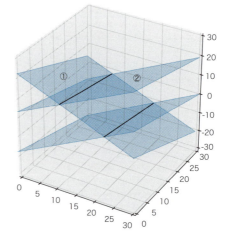

図2.14 2つの領域に分割される場合

以上をまとめると、(2.13)〜(2.15)に含まれる9つのパラメーター($w_{01}, w_{11}, w_{21},$

$w_{02}, w_{12}, w_{22}, w_{03}, w_{13}, w_{23}$）を調整することにより、$(x_1, x_2)$平面を最大で3つの領域に分割することが可能になることがわかります。この時、各領域の境界線は、2つの平面が交わってできる直線になります。このように、1次関数を用いて、直線的に領域を分割する仕組みを線形多項分類器と呼びます。

　線形多項分類器の場合、「1.1.2 ニューラルネットワークの必要性」の図1.7に示したような、複雑な曲線で分割するということはできませんが、この点については、第3章において、ニューラルネットワークを利用して改善していきます。まずここでは、このような直線的な分割で、どこまで正確な分類ができるのかを見ていくことにします。

2.2.2 ソフトマックス関数による確率への変換

　「2.1.1 確率を用いた誤差の評価」の図2.3では、1次関数$f(x_1, x_2)$で(x_1, x_2)平面を直線で分割した後に、$f(x_1, x_2)$の値をシグモイド関数で「確率」に変換するということを行いました。つまり、「$f(x_1, x_2) > 0$であれば感染」と単純に判断するのではなく、$f(x_1, x_2)$の値に応じて、「感染している確率$P(x_1, x_2)$」を割り当てるわけです。

　一方、ここでは、(2.13)〜(2.15)の3つの1次関数で(x_1, x_2)平面を3つの領域に分割しましたので、これを同様に「確率」に変換することを考えます。いまの場合は、次の3つの確率を割り当てることが目標になります。

- $P_1(x_1, x_2)$：(x_1, x_2)が領域①に属する確率
- $P_2(x_1, x_2)$：(x_1, x_2)が領域②に属する確率
- $P_3(x_1, x_2)$：(x_1, x_2)が領域③に属する確率

たとえば、手書き数字を分類する問題であれば、ある画像データについて、「数字の1である確率」「数字の2である確率」……が個別に計算されるような状況と考えてください。この時、自然に考えて、これらの確率は次の条件を満たす必要があります。

$$0 \leq P_i(x_1, x_2) \leq 1 \quad (i = 1, 2, 3) \tag{2.21}$$

$$P_1(x_1, x_2) + P_2(x_1, x_2) + P_3(x_1, x_2) = 1 \tag{2.22}$$

$$f_i(x_1, x_2) > f_j(x_1, x_2) \Rightarrow P_i(x_1, x_2) > P_j(x_1, x_2) \quad (i, j = 1, 2, 3) \tag{2.23}$$

そして、これらの条件を満たす確率は、次の「ソフトマックス関数」で実現することができます。

$$P_i(x_1, x_2) = \frac{e^{f_i(x_1, x_2)}}{e^{f_1(x_1, x_2)} + e^{f_2(x_1, x_2)} + e^{f_3(x_1, x_2)}} \quad (i = 1, 2, 3) \quad (2.24)$$

少し複雑に見えますが、落ち着いて考えると、(2.21)〜(2.23)の条件を確かに満たすことが分かります。図2.15は、1次元の例を示したもので、x軸上の3つの1次関数$f_i(x)(i=1,2,3)$の値をソフトマックス関数で確率$P_i(x)$に変換した様子を示します。$f_i(x)$の大小関係が、うまく確率の大小関係に反映されていることがわかります。

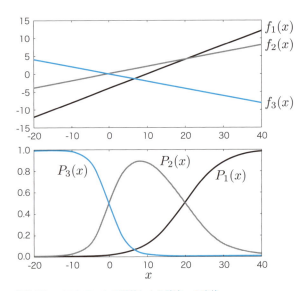

図2.15 ソフトマックス関数による確率への変換

ちなみに、(2.16)のように、どの$f_i(x_1, x_2)$が最大になるかで、点(x_1, x_2)が属する領域を断定的に決定することを「ハードマックス」と呼ぶことがあります。それに対して、(2.24)は、それぞれの$f_i(x_1, x_2)$の大きさに応じて、それぞれの領域である「確率」を決定することから「ソフトマックス」と呼ばれます。つまり、境界線を境にして、突然（ハードに）領域が変化するのではなく、ロジスティック回帰で得られた図2.9のように、なめらかに（ソフトに）確率が変化していくという考え方です。

以上の議論は、3次元以上の空間をより多数の領域に分割する場合にも適用することができます。あえて一般的な書き方をするならば、次のようになります。座標$(x_1, x_2, \cdots, x_M)$を持つM次元空間をK個の領域に分類する場合、まず、全部でK個の1次関数

を用意します。

$$f_k(x_1,\cdots,x_M) = w_{0k} + w_{1k}x_1 + \cdots + w_{Mk}x_M \ (k=1,\cdots,K) \quad (2.25)$$

そして、点$(x_1,x_2,\cdots,x_M)$がk番目の領域である確率は、ソフトマックス関数を用いて、次式で表されます。

$$P_k(x_1,\cdots,x_M) = \frac{e^{f_k(x_1,\cdots,x_M)}}{\sum_{k'=1}^{K} e^{f_{k'}(x_1,\cdots,x_M)}} \quad (2.26)$$

なお、2次元平面を3つに分類する場合は、先の図2.13のように、分割線は1点で交わりましたが、一般の場合には、必ずしもこのようになるとは限りません。たとえば、2次元平面を4つに分類する場合は、図2.16のような例が考えられます。4枚の板がどのように配置されているのかを「心の目」で見て、このように分割される理由を理解してみてください。

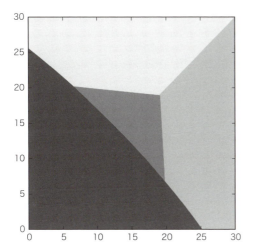

図2.16 2次元平面を4つの領域に分割する例

Chapter 2-3 多項分類器による手書き文字の分類

　前節では、多項分類器を用いて、与えられたデータを複数の領域に分割する、もしくは、ある領域に属する確率を求める方法を解説しました。確率を計算するための具体的な数式は、(2.25)、および、(2.26) ということになります。これは、「機械学習モデルの3ステップ」におけるステップ①に相当する部分です。この後は、(2.25) に含まれれるパラメーター ($w_{0k}, w_{1k}, w_{2k}, \cdots$) の良し悪しを評価する誤差関数を用意して（ステップ②）、最適なパラメーターの値を決定する（ステップ③）という手続きが必要です。

　この際、ステップ②以降の部分については、「2.1 ロジスティック回帰による二項分類器」で説明した最尤推定法を適用することが可能です。ここでは、具体例として、手書き文字の分類問題にこの手法を適用していきます。

2.3.1 MNISTデータセットの利用方法

　はじめに、使用するデータセットの説明を行います。ここでは、MNISTと呼ばれる有名なデータセットを使用します[2]。先に示した図2.11の手書き数字は、このデータセットから取り出したサンプルですが、全体として、トレーニング用の55,000個のデータとテスト用の10,000個のデータ、そして、検証用の5,000個のデータが含まれています(*5)。それぞれの手書き数字は、28x28ピクセルのグレースケールの画像データです。

　また、TensorFlowには、Webで公開されているMNISTのデータセットをダウンロードして、NumPyのarrayオブジェクトとして格納するモジュールがあらかじめ用意されています。オリジナルのデータは、0〜255の整数値で各ピクセルの濃度が与えられていますが、これを0〜1の浮動小数点の値に変換したものがオブジェクトに格納されます。ここでは、このモジュールを利用して、データセットの内容を簡単に確認していきます。対応するノートブックは、「Chapter02/MNIST dataset sample.ipynb」になります。

---

[2] THE MNIST DATABASE of handwritten digits (http://yann.lecun.com/exdb/mnist/)

*5 テスト用のデータと検証用のデータの使い分けが気になるかも知れませんが、本書では、検証用のデータセットは使用していません。トレーニング用のデータセット（トレーニングセット）でパラメーターの最適化を行い、テスト用のデータセット（テストセット）に対する正解率でその性能を判定します。

01

はじめに、必要なモジュールをインポートします。

[MDS-01]

```
1: import numpy as np
2: import matplotlib.pyplot as plt
3: from tensorflow.examples.tutorials.mnist import input_data
```

3行目でインポートしているモジュールが、MNISTのデータセットを取得するためのモジュールになります。

02

このモジュールを用いて、MNISTのデータセットをダウンロードして、オブジェクトに格納します。

[MDS-02]

```
1: mnist = input_data.read_data_sets("/tmp/data/", one_hot=True)
```

03

変数**mnist**に格納されたオブジェクトのメソッドを利用して、データを取り出すことができます。たとえば、次は、トレーニングセットから10個分のデータを取り出します。

[MDS-03]

```
1: images, labels = mnist.train.next_batch(10)
```

04

取り出したデータは、画像データとラベルデータに分かれており、ここでは、それぞれを変数**images**と**labels**に格納しています。それぞれ、10個分のデータを含むリストになっています。

取り出した画像データは、28×28=784個のピクセルについて、それぞれの濃度を表す数値を並べたリスト（NumPyのarrayオブジェクト）になっています。たとえば、次のコマンドで、取り出した画像データの中から、1つ目のデータの中身を表示することができます。

[MDS-04]

```
1: print images[0]
```

実行結果の出力は長くなるので省略しますが、全部で784個の数字が並んだリストになっていることがわかります。2次元のリストではなく、すべての数値を一列に並べた1次元リストである点に注意してください。

05

同様に、対応するラベルのデータを表示すると、次のようになります。

[MDS-05]

```
1: print labels[0]
```

[0. 0. 0. 0. 0. 0. 0. 1. 0. 0.]

この例では、（先頭の要素を0番目として）前から7番目の要素が1になっており、これは、この画像が「7」の数字の画像であることを示します。機械学習に使用するデータセットでは、データをいくつかのグループに分類する際に、「k番目の要素のみが1になっているベクトル」でk番目のグループであることを示す場合があります。これは、「1-of-Kベクトル」（K個の要素の1つだけが「1」になっているベクトル）を用いたラベル付けと呼ばれます。

06

最後に、先ほど取り出した10個分のデータを画像として表示してみます。

[MDS-06]
```
1: fig = plt.figure(figsize=(8,4))
2: for c, (image, label) in enumerate(zip(images, labels)):
3:     subplot = fig.add_subplot(2,5,c+1)
4:     subplot.set_xticks([])
5:     subplot.set_yticks([])
6:     subplot.set_title('%d' % np.argmax(label))
7:     subplot.imshow(image.reshape((28,28)), vmin=0, vmax=1,
8:                    cmap=plt.cm.gray_r, interpolation="nearest")
```

　実行結果は、図2.17のようになります。画像の上の数字は、ラベルから取得した値で、正解となる数字を示しています。かなり崩した書き方の文字やノイズが混入した画像が含まれていることがわかります。これらをラベル通りの数字と判定することが目標となるわけです。

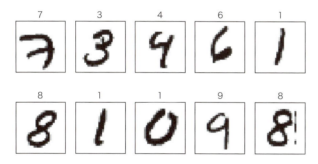

図2.17　MNISTデータセットのサンプル

　なお、上記のコードでは、7〜8行目において、グラフを描く領域を示すオブジェクト**subplot**の**imshow**メソッドで画像を表示しています。**image.reshape(28,28)**は、ピクセルの濃度を並べた1次元リスト**image**を28x28の2次元リストに変換したものになります。これにより、28x28サイズの画像として表示されます。**cmap=plt.cm.gray_r**は、画像をグレースケールで表示する指定で、**vmin**と**vmax**は、濃度として含まれる数値の最小値と最大値を与えることで、画像の濃淡を適切に調整します。また、デフォルトでは、ピクセル間のデータを補完することで、画像をなめらかに修正して表示するようになっていますが、ここでは、**interpolation="nearest"**の指定より、この機能を無効化しています。

2.3.2 画像データの分類アルゴリズム

それでは、先ほど確認した画像データに対して、多項分類器による分類手法を適用していきましょう。「2.2 ソフトマックス関数と多項分類器」では、主に、2次元の平面上のデータ (x_1, x_2) を3つの領域に分類する例を説明しました。これが、画像データの分類とどのように関係するのか想像できるでしょうか？ —— そのヒントは、先ほど [MDS-04] で確認したデータ構造にあります。

この画像データは、もともとは、28×28ピクセルの画像ですが、各ピクセルの濃度の数値を一列に並べてしまえば、28×28=784個の数値の集まりに過ぎません。数学的に言えば、784次元ベクトル、すなわち、784次元空間の1つの点 $(x_1, x_2, \cdots, x_{784})$ に対応することになります。MNISTの画像データを集めたものは、784次元空間上に配置された多数の点の集合ということになるのです。

この時、同じ数字に対応する画像は、784次元空間上でたがいに近い場所に集まっていると期待することはできないでしょうか？ 仮にこの想像が正しければ、784次元空間を10個の領域に分割することで、それぞれの領域に対応する数字が決まることになります。新しい画像データが与えられた場合、このデータが784次元空間上で、どの領域に属するかによって、どの数字の画像かを予測することが可能になります。784次元空間を絵に示すことはできませんが、イメージとしては、図2.18のような状況になります。

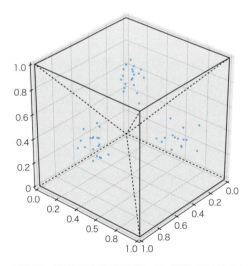

図2.18 784次元空間の画像データを領域に分けるイメージ

それでは、これを数式で表現していきましょう。一般に、M次元空をK個の領域に分割する場合の数式は、（2.25）と（2.26）で与えられていますが、TensorFlowのコー

ドに置き換えるために、これらを行列形式で書きなおします。

　まず、784次元空間のデータを「0」〜「9」の10種類の領域に分割するので、$M=784$、$K=10$としておきます。そして、トレーニングセットのデータが全部でN個あるものとして、n番目のデータを$\mathbf{x}_n=(x_{1n},x_{2n},\cdots,x_{Mn})$と表します。さらに、これらのデータを並べた行列$\mathbf{X}$を次式で定義します。

$$\mathbf{X}=\begin{pmatrix} x_{11} & x_{21} & \cdots & x_{M1} \\ x_{12} & x_{22} & \cdots & x_{M2} \\ \vdots & \vdots & \vdots & \vdots \\ x_{1N} & x_{2N} & \cdots & x_{MN} \end{pmatrix} \quad (2.27)$$

　次に、(2.25)の1次関数の係数を並べた行列$\mathbf{W}$、および、定数項を並べたベクトル$\mathbf{w}$を次式で定義します。

$$\mathbf{W}=\begin{pmatrix} w_{11} & w_{12} & \cdots & w_{1K} \\ w_{21} & w_{22} & \cdots & w_{2K} \\ \vdots & \vdots & \vdots & \vdots \\ w_{M1} & w_{M2} & \cdots & w_{MK} \end{pmatrix},\ \mathbf{w}=(w_{01},w_{02},\cdots,w_{0K}) \quad (2.28)$$

これらを用いて、(2.25)の1次関数は、次のようにまとめて計算されます。

$$\mathbf{F}=\mathbf{X}\mathbf{W}\oplus\mathbf{w} \quad (2.29)$$

　ここで、行列$\mathbf{F}$は、k番目の領域を表す1次関数f_kにn番目のデータ$\mathbf{x}_n$を代入した時の値$f_k(\mathbf{x}_n)$を次のように縦横にならべたものになります。

$$\mathbf{F}=\begin{pmatrix} f_1(\mathbf{x}_1) & f_2(\mathbf{x}_1) & \cdots & f_K(\mathbf{x}_1) \\ f_1(\mathbf{x}_2) & f_2(\mathbf{x}_2) & \cdots & f_K(\mathbf{x}_2) \\ \vdots & \vdots & \vdots & \vdots \\ f_1(\mathbf{x}_N) & f_2(\mathbf{x}_N) & \cdots & f_K(\mathbf{x}_N) \end{pmatrix} \quad (2.30)$$

　また、(2.29)の$\oplus$という記号は、「2.1.2 TensorFlowによる最尤推定の実施」の図2.5で説明した、ブロードキャストルールを適用した足し算だと考えてください。少し複雑になってきましたので、計算の全体像を図2.19に整理しておきます。左辺の行

列 **F** のどれか1つの要素を取り出して計算すると、一般に次の関係が得られることがわかります。これは、ちょうど、(2.25) と同じものになります。

$$f_k(\mathbf{x}_n) = w_{0k} + w_{1k}x_{1n} + w_{2k}x_{2n} + \cdots + w_{Mk}x_{Mn} \tag{2.31}$$

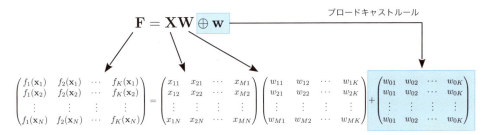

図2.19 多項分類器の1次関数を行列にまとめた様子

続いて、(2.26) のソフトマックス関数を用いて、これを確率の値に変換します。今の場合は、n 番目のデータ $\mathbf{x}_n$ に対して、これが $k = 1, \cdots, K$ のそれぞれに属する確率 $P_k(\mathbf{x}_n)$ を次式で計算する必要があります。

$$P_k(\mathbf{x}_n) = \frac{e^{f_k(\mathbf{x}_n)}}{\sum_{k'=1}^{K} e^{f_{k'}(\mathbf{x}_n)}} \tag{2.32}$$

この計算に必要な要素は、すべて、(2.30) の行列 **F** に含まれていますが、これを行列 **F** から行列計算の形で表現するのは至難の業です。そこで、TensorFlowでは、(2.30) から (2.32) を直接計算するための特別な関数 tf.nn.softmax を提供しています。この関数に **F** を代入すると、自動的に確率 **P** を計算してくれます。

$$\mathbf{P} = \text{tf.nn.softmax}(\mathbf{F}) \tag{2.33}$$

ここに、**P** は、次式で定義される行列になります。

$$\mathbf{P} = \begin{pmatrix} P_1(\mathbf{x}_1) & P_2(\mathbf{x}_1) & \cdots & P_K(\mathbf{x}_1) \\ P_1(\mathbf{x}_2) & P_2(\mathbf{x}_2) & \cdots & P_K(\mathbf{x}_2) \\ \vdots & \vdots & \vdots & \vdots \\ P_1(\mathbf{x}_N) & P_2(\mathbf{x}_N) & \cdots & P_K(\mathbf{x}_N) \end{pmatrix} \tag{2.34}$$

これで、与えられた画像データに対して、それが所属する領域、すなわち、「0」〜「9」のそれぞれの文字である確率を計算するための数式が用意できました。ここまでの計算では、トレーニングセットのデータに対する確率を計算してきましたが、新しいデータ $\mathbf{x} = (x_1, x_2, \cdots, x_M)$ に対する確率を計算する際は、(2.27) の $\mathbf{X}$ を次の $1 \times M$ 行列として用意します。

$$\mathbf{X} = \begin{pmatrix} x_1 & x_2 & \cdots & x_M \end{pmatrix} \qquad (2.35)$$

これを用いて、(2.29) と (2.33) の計算を行うと、$\mathbf{P}$ は、次の $1 \times K$ 行列になることがわかります。

$$\mathbf{P} = \begin{pmatrix} P_1(\mathbf{x}) & P_2(\mathbf{x}) & \cdots P_K(\mathbf{x}) \end{pmatrix} \qquad (2.36)$$

TensorFlowのコードでいうと、$\mathbf{X}$ は、Placeholderに相当するので、結局のところ、Placeholderに格納するデータを変えることによって、さまざまなデータに対する確率が計算できることになります。これで、「機械学習モデルの3ステップ」のステップ①が完了しました。

ここで、(2.36) の添字 $k\,(k = 1, 2, \cdots, K)$ の範囲について注意を述べておきます。ここまでの計算では、一般に K 個の領域に分類するものとしてきましたが、今、実際に考えているのは、「0」〜「9」の10種類の数字に分類することです。そのため、$k = 1$ が「0」、$k = 2$ が「1」…、$k = 10$ が「9」といった対応になります。添字の値と対応する数字が1つずれているので、注意しておいてください。

それでは、次は、ステップ②として、誤差関数を用意します。これには、「2.1.1 確率を用いた誤差の評価」で説明した最尤推定法を用います。トレーニングセットのデータに対して、(2.34) で計算される確率を用いて、ランダムに予測を行ったとして、正解が得られる確率を最大化するという手法です。

たとえば、n 番目のデータ $\mathbf{x}_n$ の正解が k だった場合、正解を予測する確率は、$P_k(\mathbf{x}_n)$ ということになります。ただし、今の場合、正解を表すラベルは、次のような「1-of-Kベクトル」で与えられています。

$$\mathbf{t}_n = (0, \cdots, 0, 1, 0, \cdots, 0)\ (k\text{番目の要素のみ}1) \qquad (2.37)$$

そこで、一般に、$\mathbf{t}_n = (t_{1n}, t_{2n}, \cdots, t_{Kn})$ と表すと、n 番目のデータに対して正解を予測する確率 P_n は、次のように表すことが可能です。

$$P_n = \prod_{k'=1}^{K} \{P_{k'}(\mathbf{x}_n)\}^{t_{k'n}} \tag{2.38}$$

少しトリッキーな書き方ですが、任意のxに対して、$x^0 = 1, x^1 = x$が成り立つという性質を利用しています。すべてのk'について掛けあわせた場合、k番目の要素のみが取り出されることがわかります。そして、すべてのデータに対して正解する確率Pは、個々のデータに正解する確率の掛け算で決まります。

$$P = \prod_{n=1}^{N} P_n = \prod_{n=1}^{N} \prod_{k'=1}^{K} \{P_{k'}(\mathbf{x}_n)\}^{t_{k'n}} \tag{2.39}$$

この後は、(2.7)と同じく、次の誤差関数Eを最小化すれば、確率Pを最大化することと同値になります。

$$E = -\log P \tag{2.40}$$

これは、(2.8)に示した対数関数の公式を用いて、次のように書きなおすことができます。

$$E = -\sum_{n=1}^{N} \sum_{k'=1}^{K} t_{k'n} \log P_{k'}(\mathbf{x}_n) \tag{2.41}$$

この誤差関数Eを行列形式で表す際は、「2.1.2 TensorFlowによる最尤推定の実施」で説明した、図2.5のブロードキャストルールとTensorFlowのtf.reduce_sum関数が活躍します。

まず、それぞれのデータのラベルを並べた行列$\mathbf{T}$を次式で定義します。

$$\mathbf{T} = \begin{pmatrix} t_{11} & t_{21} & \cdots & t_{K1} \\ t_{12} & t_{22} & \cdots & t_{K2} \\ \vdots & \vdots & \vdots & \vdots \\ t_{1N} & t_{2N} & \cdots & t_{KN} \end{pmatrix} \tag{2.42}$$

（2.34）（2.42）と（2.41）を見比べると、$\log\mathbf{P}$（関数のブロードキャストルールで、$\mathbf{P}$の各成分に$\log$を適用したもの）と$\mathbf{T}$の各成分を掛けあわせて、さらに、そのすべての成分を合計したものが、（2.41）（の符号違い）にちょうど一致することがわかります。同じサイズの行列を「*」で掛け算すると、成分ごとの掛け算になることを思い出すと、結局、誤差関数Eは、次の計算で表すことが可能になります。

$$E = -\mathrm{tf.reduce\_sum}(\mathbf{T} * \log \mathbf{P}) \tag{2.43}$$

ここでは、行列にtf.reduce_sumを適用すると、行列のすべての要素の和が得られるという性質を利用しています。

これで、ステップ②の準備もできました。この後は、ステップ①の（2.29）（2.33）と、ステップ②の（2.43）をTensorFlowのコードに置き換えて、トレーニングセットを用いたパラメーターの最適化を実施します。

2.3.3 TensorFlowによるトレーニングの実施

それでは、これまでに準備した内容をTensorFlowのコードで書いていきます。対応するノートブックは、「Chapter02/MNIST softmax estimation.ipynb」になります。

01

まずは、いつものように必要なモジュールをインポートして、乱数のシードを設定しておきます。4行目では、MNISTのデータセットを取得するモジュールをインポートしています。

[MSE-01]

```
1: import tensorflow as tf
2: import numpy as np
3: import matplotlib.pyplot as plt
4: from tensorflow.examples.tutorials.mnist import input_data
5:
6: np.random.seed(20160604)
```

02

　MNISTのデータセットをダウンロードします。変数**mnist**を通じて、データセットを利用することが可能になります。

[MSE-02]

```
1: mnist = input_data.read_data_sets("/tmp/data/", one_hot=True)
```

03

　トレーニングセットのデータに対して、ある領域に属する確率$P_k(\mathbf{x}_n)$を計算する数式をコードで表現します。

[MSE-03]

```
1: x = tf.placeholder(tf.float32, [None, 784])
2: w = tf.Variable(tf.zeros([784, 10]))
3: w0 = tf.Variable(tf.zeros([10]))
4: f = tf.matmul(x, w) + w0
5: p = tf.nn.softmax(f)
```

　変数**x,w,w0,f,p**は、それぞれ、（2.27）の$\mathbf{X}$、（2.28）の$\mathbf{W}$と$\mathbf{w}$、（2.30）の$\mathbf{F}$、（2.34）の$\mathbf{P}$に対応しています。**x**はトレーニングセットのデータを格納するPlaceholderで、データ数に**None**を指定して、任意の数のデータを格納できるようにするところはこれまでと同様です。1つのデータの要素数Mは、画像のピクセル数に一致して、28×28=784になります。**w**と**w0**は、これから値を最適化するVariableで、初期値はすべて0にしてあります。（2.28）では、$\mathbf{W}$は$M \times K$行列になっていますが、これも実際には、784×10行列になります。同じく、**w**は10要素の横ベクトルになります。4行目と5行目の**f**と**p**の計算は、（2.29）と（2.33）の計算式に対応します。先に説明したように、ブロードキャストルールが適用される点に注意してください。

　なお、変数**w0**は、本来は1×10行列として**[1,10]**のサイズで定義するべきですが、1次元リストとして**[10]**のサイズで定義した場合でも、ブロードキャストルールによりこの後の計算は正しく行われます。1次関数の定数項を一般にバイアス項と呼びますが、この後のコードでも、バイアス項を並べた横ベクトルについては、1次元リストのサイズで定義していきます。

04

続いて、誤差関数Eを定義して、これを最小化するトレーニングアルゴリズムを用意します。

[MSE-04]

```
1: t = tf.placeholder(tf.float32, [None, 10])
2: loss = -tf.reduce_sum(t * tf.log(p))
3: train_step = tf.train.AdamOptimizer().minimize(loss)
```

1行目の**t**は、トレーニングセットのラベルを格納するPlaceholderで、(2.42)の$\mathbf{T}$に対応します。**x**と同様に、格納するデータ数は、**None**を指定します。2行目の**loss**は、(2.43)で計算されるEに対応します。3行目の**train_step**は、トレーニングアルゴリズム tf.train.AdamOptimizerで**loss**を最小化するという指定です。

05

それからもうひとつ、トレーニングの結果を用いて、テストセットに対する正解率を計算するために、正解率を表す関係式を定義しておきます。

[MSE-05]

```
1: correct_prediction = tf.equal(tf.argmax(p, 1), tf.argmax(t, 1))
2: accuracy = tf.reduce_mean(tf.cast(correct_prediction, tf.float32))
```

1行目のtf.argmaxは、複数の要素が並んだリストから、最大値を持つ要素のインデックスを取り出す関数です。**p**と**t**は、(2.34) と (2.42) のように、各データに対応する横ベクトルを縦に並べた配列になっており、tf.argmaxにより、それぞれの行の最大値を与えるインデックスのリストを返します。2つめの引数の1は、配列を横方向に検索して、各行の最大要素のインデックスを見つけるという指定です。0を与えると、縦方向に検索して、各列の最大要素のインデックスを見つけます。図2.20

$$\mathbf{M} = \begin{pmatrix} 0 & 20 & 40 & 60 \\ 60 & 0 & 20 & 40 \\ 40 & 60 & 0 & 20 \end{pmatrix}$$

横方向に検索：$\mathrm{np.argmax}(\mathbf{M}, 1) = (3, 0, 1)$
縦方向に検索：$\mathrm{np.argmax}(\mathbf{M}, 0) = (1, 2, 0, 0)$

⎫ 最大要素のインデックス

図2.20 np.argmax関数の適用例

の例も参考にしてください。

　ここでは、それぞれの文字である確率$P_k(\mathbf{x}_n)$の中でも、最大の確率となる文字が、ラベルで指定された正解の文字と一致するかを確認しています（図2.21）。**p**と**t**に含まれるそれぞれのデータに対して、確認した結果を並べたBool値のリストが**correct_prediction**になります。2行目では、tf.cast関数でBool値を1, 0の値に変換して、全体の平均値を計算することで、正解率を計算しています。

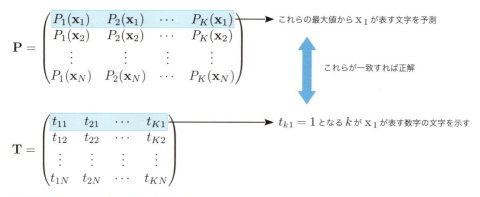

図2.21　確率が最大になる文字で予測を実施

06

　これで準備が整いました。この後は、トレーニングセットのデータを用いて、パラメーターの最適化を実施していきます。はじめに、セッションを用意して、Variableを初期化します。

[MSE-06]

```
1: sess = tf.InteractiveSession()
2: sess.run(tf.initialize_all_variables())
```

07

　続いて、勾配降下法によるパラメーターの最適化を2,000回繰り返します。100回実施するごとに、その時点のパラメーターを用いて、テストセットに対する誤差関数と正解率の値を計算して、画面に表示しています。

[MSE-07]

```
 1:  i = 0
 2:  for _ in range(2000):
 3:      i += 1
 4:      batch_xs, batch_ts = mnist.train.next_batch(100)
 5:      sess.run(train_step, feed_dict={x: batch_xs, t: batch_ts})
 6:      if i % 100 == 0:
 7:          loss_val, acc_val = sess.run([loss, accuracy],
 8:              feed_dict={x:mnist.test.images, t: mnist.test.labels})
 9:          print ('Step: %d, Loss: %f, Accuracy: %f'
10:              % (i, loss_val, acc_val))
```

```
Step: 100, Loss: 7747.078613, Accuracy: 0.848400
Step: 200, Loss: 5439.366211, Accuracy: 0.879900
Step: 300, Loss: 4556.463379, Accuracy: 0.890900
Step: 400, Loss: 4132.035156, Accuracy: 0.896100
…… 中略 ……
Step: 1800, Loss: 2902.119141, Accuracy: 0.919000
Step: 1900, Loss: 2870.736328, Accuracy: 0.920000
Step: 2000, Loss: 2857.827393, Accuracy: 0.921100
```

　ここで、4～5行目の処理に注意が必要です。4行目では、トレーニングセットから100個分のデータを取り出して、5行目では、そのデータを用いて、勾配降下法によるパラメーターの修正を行っています。これまでの例では、トレーニングセットのすべてのデータを用いてパラメーターの修正を行うということを繰り返していましたが、ここでは、図2.22のように一部のデータのみでパラメーターを修正するということを繰り返しています。

　mnist.train.next_batchは、データをどこまで取り出したかを記憶しており、呼び出すごとに次のデータを取り出す処理を行います。データを最後まで取り出すと、また最初に戻って、同じデータを返します。これは、ミニバッチ、もしくは、確率的勾配降下法と呼ばれる手法になります。この手法の役割については、この後の「2.3.4 ミニバッチと確率的勾配降下法」で詳しく説明します。

　7～8行目は、テストセットのデータを用いて、誤差関数**loss**と正解率**accuracy**の値を計算しています。**mnist.test.images**と**mnist.test.labels**は、それぞれ、テストセット含まれるすべての画像データとラベルを含んだリスト（NumPyのarrayオブジェクト）になっています。2,000回の処理で、テストセットに対して、約

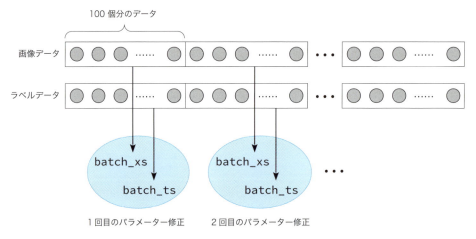

図2.22 ミニバッチによるパラメーター修正

92%の正解率を達成していることがわかります。

08

最後に、得られた結果を実際の画像で確認してみます。次は、「0」～「9」のそれぞれの文字について、テストセットのデータから正解した文字と不正解だった文字を3個ずつ取り出して表示します。

[MSE-08]

```
 1: images, labels = mnist.test.images, mnist.test.labels
 2: p_val = sess.run(p, feed_dict={x:images, t: labels})
 3:
 4: fig = plt.figure(figsize=(8,15))
 5: for i in range(10):
 6:     c = 1
 7:     for (image, label, pred) in zip(images, labels, p_val):
 8:         prediction, actual = np.argmax(pred), np.argmax(label)
 9:         if prediction != i:
10:             continue
11:         if (c < 4 and i == actual) or (c >= 4 and i != actual):
12:             subplot = fig.add_subplot(10,6,i*6+c)
13:             subplot.set_xticks([])
14:             subplot.set_yticks([])
15:             subplot.set_title('%d / %d' % (prediction, actual))
```

```
16:         subplot.imshow(image.reshape((28,28)), vmin=0, vmax=1,
17:                        cmap=plt.cm.gray_r, interpolation="nearest")
18:         c += 1
19:         if c > 6:
20:             break
```

　これを実行すると、図2.23の結果が得られます。各行において、左の3個が正解したもので、右の3個が不正解だったものになります。各画像の上のラベルは、「予測/正解」の数字を示します。正解の文字を見ていると、なかなか優秀な結果のようにも思われますが、不正解の方を見ると、少し不可解な感じもします。なぜこのような間違いが起きたのか、理由がよくわからないものもあるのではないでしょうか？

　これは、そもそもの分類の仕組みを考えると理解ができます。ここでは、与えられた画像を各ピクセルの濃度の値を並べた、784次元のベクトルと見なしています。このベクトルが784次元空間の中で、互いに近い場所にあるかどうかで、同じ文字であるかどうかを判定しています。「2.3.2 画像データの分類アルゴリズム」で示した、図2.18を再確認しておいてください。

図2.23　ソフトマックス関数による分類結果

　したがって、物理的にピクセルの並び方が近いがどうかで、判定が行われることになります。文字を少し回転したり、上下左右に移動した場合、人間の目からみれば同じ文字とわかりますが、物理的なピクセルの並び方が異なるために、異なる文字と判定されてしまいます。逆に、間違った判定をしている文字は、よく見ると、正解の文字と同じ場所にピクセルが集まっているという特徴があるのではないでしょうか？

　このような課題を乗り越えて、さらに正解率を上げるためには、物理的なピクセルの場所とは異なる、より本質的な文字の特徴を抽出するという処理が必要となります。これを実現するのが、まさに、CNNの本質と言えるでしょう。この点については、次章以降で、段階をおって説明を続けていくことにします。

2.3.4 ミニバッチと確率的勾配降下法

ここでは、先ほど図2.22に示した、ミニバッチによるパラメーター修正について補足しておきます。まずは準備として、勾配降下法の意味を思い出しておきましょう。これは、パラメーター$(w_0, w_1, \cdots)$の関数として、誤差関数$E(w_0, w_1, \cdots)$が与えられた際に、Eの値が減少する方向にパラメーターを修正していくという考え方でした。この時、Eの値が減少する方向は、次の勾配ベクトル（の符号違い）で決まりました。

$$\nabla E = \begin{pmatrix} \frac{\partial E}{\partial w_0} \\ \frac{\partial E}{\partial w_1} \\ \vdots \end{pmatrix} \tag{2.44}$$

「1.1.4 TensorFlowによるパラメーターの最適化」の図1.14に示したように、$-\nabla E$は、誤差関数の谷をまっすぐ下る方法に一致します。

ここで、先ほどの例で用いた誤差関数Eの式（2.41）を見ると、これは、トレーニングセットのそれぞれのデータについて和を取る形になっています。つまり、次のように、n番目のデータに対する誤差E_nの和の形に分解することが可能です。

$$E = \sum_{n=1}^{N} E_n \tag{2.45}$$

ここで、E_nは次式で与えられます。

$$E_n = -\sum_{k'=1}^{K} t_{k'n} \log P_{k'}(\mathbf{x}_n) \tag{2.46}$$

この時、先ほどのコードの **[MSE-03]** と **[MSE-04]** において、Placeholder **x**にトレーニングセットの一部のデータだけを格納したとすると、対応する誤差関数**loss**はどのように計算されるでしょうか？ これは、（2.45）において、**x**に格納したデータの部分だけE_nを足すということになります。この状態でトレーニングアルゴリズムを適用するということは、誤差関数Eにおいて、一部のデータからの寄与だけを考えて、

これらのデータによる誤差を小さくするようにパラメーターを修正するということになります。本来のE全体の値を小さくするわけではありませんので、図1.14において、誤差関数の谷を一直線に下るのではなく、少しだけ横にずれた方向に下ることになります。

　ただし、次の修正処理においては、また違うデータからの寄与を考慮します。これを何度も繰り返した場合、図2.24のように、誤差関数Eの谷をジグザグに下りながら、最終的には、本来の最小値に近づいていくと期待することができます。これがミニバッチの考え方です。一直線に最小値に向かうのではなく、ランダムに（確率的に）最小値に向かっていくので、確率的勾配降下法とも呼ばれます。

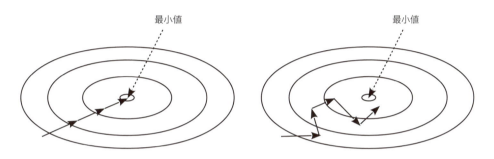

すべてのデータを使用した勾配降下法　　　　　　　　ミニバッチによる確率的勾配降下法

図2.24　確率的勾配降下法で最小値に向かう様子

　それでは、ミニバッチ、あるいは、確率的勾配降下法を用いることには、どのような意味があるのでしょうか？　これには、2つの目的があります。1つは、トレーニングセットのデータが大量にある場合に、1回あたりの計算量を減らすということです。一般に、ある関数の勾配ベクトルを求めるというのは、計算の処理量が大きくなります。TensorFlowでは、勾配ベクトルの計算は自動化されており、利用者側で計算の内容を意識することはありませんが、それでも、計算の処理量には注意が必要です。トレーニングセットから大量のデータを投入すると、トレーニングアルゴリズムの計算処理が非常に遅くなる、あるいは、大量のメモリーを消費するために、実用性が失われることがあります。

　ミニバッチでは、1回あたりのデータ量を減らして、その代わりに最適化の処理を何度も繰り返すことで、全体の計算時間を短くするというアプローチになります。ただし、1回に投入するデータ量が少なすぎると、最小値に向かう方向が正しく定まらず、最小値に達するまでの繰り返し回数が大きくなってしまいます。1回の処理で使用するデータ数については、解くべき問題に応じて、試行錯誤で最適な値を見つけていく必要があります。

そして、もうひとつの目的は、極小値を避けて、真の最小値に達することです。図2.25のように、誤差関数Eが最小値の他に極小値を持つ場合を考えてみます。トレーニングセットのすべてのデータを利用して、勾配降下法を厳密に適用した場合、最初のパラメーターの値によっては、一直線に極小値に向かって、そこでパラメーターが収束する可能性があります。極小値の点では、勾配ベクトルは厳密に0になるので、パラメーターの修正処理を繰り返しても、そこから移動することはありません。

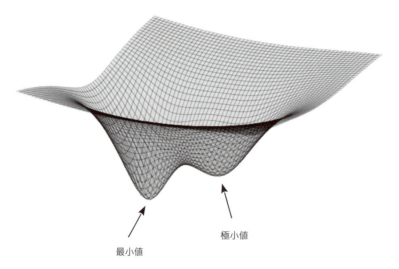

図2.25　最小値と極小値を持つ誤差関数の例

　一方、確率的勾配降下法の場合、トレーニングセットのすべてのデータを使用しないため、勾配ベクトルは正確に計算されず、ジグザグ（ランダム）に移動していきます。このため、極小値の付近にやってきた場合でも、パラメーターの修正処理を何度も繰り返せば、偶然に極小値の谷から出て、本来の最小値の方に向かうことができる可能性もあります。一度、最小値の深い谷底に入ってしまえば、ランダムに移動したとしても、そこから飛び出る可能性は少なくなります。
　このように、あえて正確な計算を行わないことにより、極小値を避けることができるのも、確率的勾配降下法のメリットになります。これ以降、MNISTのデータセット用いるコードでは、特に断りなく、ミニバッチによる最適化処理を適用していきます。

Chapter 03
ニューラルネットワークを用いた分類

第3章のはじめに

　前章では、ソフトマックス関数を用いた多項分類器によって、手書き文字の分類を行いました。TensorFlowのコードで試した結果、テストセットに対する正解率は約92%になりました。これは、第1章の冒頭に示した図1.2において、一番右側のノードだけを利用した形になります。本章では、この前段に、全結合層とよばれるノード群を追加します（図3.1）。2次元平面のデータを分類する簡単な例を用いて、全結合層の役割を確認した後に、これを手書き文字の分類にも適用してみます。

　また、TensorFlowのビジュアライゼーションツールである、TensorBoardを用いて、ニューラルネットワークの構造やパラメーターの変化を図示する方法もあわせて解説します。

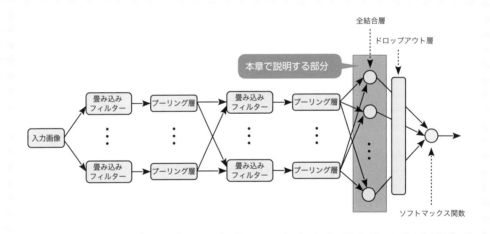

図3.1　CNNの全体像と本章で説明する部分

Chapter 3-1 単層ニューラルネットワークの構造

　ここでは、全結合層を1層だけ追加した、「**単層ニューラルネットワーク**」について、その仕組みを解説していきます。2次元平面のデータを分類する二項分類器の例を用いて、その具体的な働きを確認してみましょう。使用する例は、「1.1.2 ニューラルネットワークの必要性」で紹介した、一次検査の結果(x_1, x_2)から、ウィルスに感染している確率$P(x_1, x_2)$を計算するという問題です。

3.1.1 単層ニューラルネットワークによる二項分類器

　ウィルスの感染確率を計算する問題では、入力データは平面上の座標(x_1, x_2)に対応しており、これを用いて、ウィルスに感染している確率$z = P(x_1, x_2)$を計算する必要があります。したがって、これを単層ニューラルネットワークでモデル化するならば、図3.2のようなニューラルネットワークを使用する形になります。このニューラルネットワークは、「**入力層**」「**隠れ層**」「**出力層**」という3種類のパーツが組み合わされた構造を持ち、隠れ層のそれぞれのノードでは、入力データを1次関数に代入したものをさらに「**活性化関数**」で変換した値が出力されます。

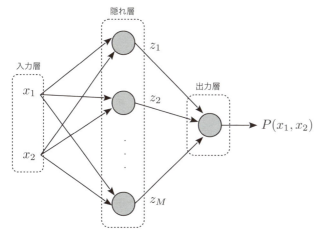

図3.2 単層ニューラルネットワークによる二項分類器

具体的に言うと、隠れ層には全部でM個のノードがあるとして、それぞれの出力は、次の計算式で与えられます。活性化関数$h(x)$の中身については、この後ですぐに説明します。

$$\begin{cases} z_1 = h(w_{11}x_1 + w_{21}x_2 + b_1) \\ z_2 = h(w_{12}x_1 + w_{22}x_2 + b_2) \\ \quad \vdots \\ z_M = h(w_{1M}x_1 + w_{2M}x_2 + b_M) \end{cases} \quad (3.1)$$

さらに、最後の出力層では、これらの値を1次関数に代入したものをシグモイド関数で0〜1の確率の値に変換します。

$$z = \sigma(w_1 z_1 + w_2 z_2 + \cdots + w_M z_M + b) \quad (3.2)$$

1次関数のパラメーター（係数、および、定数項）に使用する文字が少し異なりますが、(3.2)は、本質的には、「2.1.1 確率を用いた誤差の評価」の(2.1)(2.3)と同じ計算になります。2つの値からなるデータ(x_1, x_2)が、隠れ層を通ることで、M個の値のデータ$(z_1, \cdots, z_M)$に拡張されていると考えることができるでしょう。

ちなみに、「1.1.2 ニューラルネットワークの必要性」の図1.9では、最後の出力層を含めて、このようなニューラルネットワークを「2層のノードからなるニューラルネットワーク」と表現しました。しかしながら、入力層と出力層は常に必要ですので、ここでは、隠れ層の数に注目して、図3.2のニューラルネットワークを「単層ニューラルネットワーク」と表現しています。「3.3 多層ニューラルネットワークへの拡張」では、隠れ層を2段に重ねた例を紹介しますが、そちらは、「2層ニューラルネットワーク」ということになります[*1]。

さらに、図1.9では、隠れ層の活性化関数として、出力層と同じシグモイド関数を用いていました。これまでに見てきたように、シグモイド関数$\sigma(x)$は、$x = 0$を境にして0から1に値が変化する関数です。これは、人間の脳を構成する神経細胞である「ニューロン」の反応を模式化したものと考えることができます。隠れ層の出力にシグモイド関数を使用するということは、入力信号の変化に応じてニューロンが活性化して、出力信

---

*1　ニューラルネットワークの層の数をどのように表現するかは、いくつかの流儀があり、文献によって表現が異なることがあります。本書では、これ以降は、隠れ層の数に注目した表現を用いることにします。

号が0から1に変化する様子をシミュレーションしていることになります。

　しかしながら、機械学習のモデルを作る上では、現実のニューロンの動きを忠実にシミュレーションする必要はありません。入力値に応じて、何らかの形で出力値が変化すればよいので、実際の活性化関数としては、シグモイド関数の他に、ハイパボリックタンジェント $\tanh x$ や ReLU（Rectified Linear Unit／正規化線形関数）などの関数が用いられます。これらは、図3.3のような形で値が変化します。それぞれのグラフは、縦軸の値の範囲が異なるので注意してください。

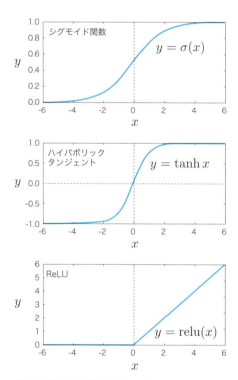

図3.3　代表的な活性化関数のグラフ

　この後の計算で具体的に必要になることはありませんが、それぞれの定義を数式で示すと、次のようになります。

$$\sigma(x) = \frac{1}{1 + e^{-x}} \tag{3.3}$$

$$\tanh x = \frac{e^x - e^{-x}}{e^x + e^{-x}} \tag{3.4}$$

$$\mathrm{relu}(x) = \max(0, x) \tag{3.5}$$

　どの活性化関数を利用するかは、ニューラルネットワークにおける研究の歴史の中で変化してきました。当初は、実際のニューロンの動作に対応するという素朴な理由で、シグモイド関数が用いられていました。その後、活性化関数は原点を通るほうが計算効率がよくなるなどの主張から、ハイパボリックタンジェントが利用されるようになりました。

　さらに、最近では、ディープラーニングで用いる多段ニューラルネットワークでは、ReLUの方がパラメーターの最適化がより高速に行われることがわかってきました。シグモイド関数やハイパボリックタンジェントは、xが大きくなると、出力値が一定値に近づいて、グラフの傾きがほぼ0になります。誤差関数の勾配ベクトルを計算する際に、活性化関数の傾きが小さいと、勾配ベクトルの大きさが小さくなって、パラメーターの最適化処理が進みにくくなるという事情があるようです。

　本節では、理論的な分析が実施しやすいという理由から、主にハイパボリックタンジェントを用いた例で解説を進めます。その後で、ReLUに変更した場合の効果について補足説明を行います。また、この後、「3.2 単層ニューラルネットワークによる手書き文字の分類」で手書き文字の分類を行う際は、ディープラーニングの流儀に従って、ReLUを使用することにします。

3.1.2 隠れ層が果たす役割

　このような隠れ層を導入することによって、これまでと何が変わるのかを見ていきます。はじめに、もっとも単純な例として、図3.4のように、隠れ層に2個のノードを持つ場合を考えます。この時、隠れ層の2つの出力z_1とz_2は、次のように定義されます。

$$\begin{cases} z_1 = \tanh(w_{11}x_1 + w_{21}x_2 + b_1) \\ z_2 = \tanh(w_{12}x_1 + w_{22}x_2 + b_2) \end{cases} \tag{3.6}$$

　これらの関係式は、「2.1.1 確率を用いた誤差の評価」の図2.3に示した、シグモイド関数による確率計算に類似した部分があります。(3.6)において、活性化関数（ハイパボリックタンジェント）の引数部分は、(x_1, x_2)の1次関数ですので、これは、(x_1, x_2)平面を直線で分割する操作に該当します。そして、分割線の両側で、活性化関数の値は、図3.3の$y = \tanh x$のグラフに従って -1から1に変化していきます。

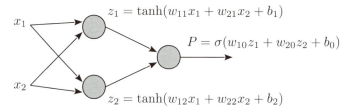

図3.4 隠れ層に2個のノードを持つ例

　この時、図3.3のグラフの様子からもわかるように、$\tanh x$の値は、$x=0$の両側で急激に変化します。そこで、話を簡単にするために、z_1とz_2の値は、分割線において-1から1にいきなり変化するものと考えてみます。この場合、(x_1, x_2)平面上の各点におけるz_1とz_2の値は、図3.5のように表現することができます。これは、(x_1, x_2)平面を2本の直線で4つの領域に分割することに相当しており、①〜④のそれぞれの領域は、表3.1のように、z_1とz_2の値の組で特徴づけられることになります。

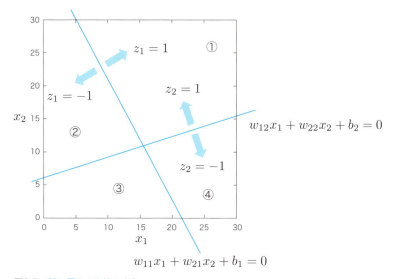

図3.5 隠れ層の出力値の変化

表3.1 (x_1, x_2)平面の領域と(z_1, z_2)の値の対応

領域	(z_1, z_2)
①	$(1, 1)$
②	$(-1, 1)$
③	$(-1, -1)$
④	$(1, -1)$

このようにして決まった(z_1, z_2)の値を出力層のシグモイド関数に代入することで、最終的な確率Pの値が決定されます。具体的には、次の関係式になります。

$$P = \sigma(w_{10}z_1 + w_{20}z_2 + b_0) \tag{3.7}$$

今の場合、(z_1, z_2)は、図3.5に示した4つの領域でそれぞれ決まった値をとるので、結局、4つの領域のそれぞれに異なる確率$P(z_1, z_2)$が割り当てられることになります。隠れ層を持たない、出力層だけを用いたロジスティック回帰の場合は、「2.1.2 TensorFlowによる最尤推定の実施」の図2.9で見たように、(x_1, x_2)平面を直線で2つの領域に分割する結果が得られました。ちょうど、これを4つの領域に拡張したような結果です。

それでは、本当にこのような結果になるかどうか、TensorFlowのコードを用いて実際に確認してみます。対応するノートブックは、「Chapter03/Single layer network example.ipynb」です。これは、図3.5の状況を再現するために用意したもので、最適化の方法については少し作為的な部分もありますが、図3.4の単層ニューラルネットワークをTensorFlowのコードで表現する方法については、一般的な方法として参考になるものです。

01

はじめに、モジュールをインポートして、乱数のシードを設定します。

[SNE-01]

```
1: import tensorflow as tf
2: import numpy as np
3: import matplotlib.pyplot as plt
4: from numpy.random import multivariate_normal, permutation
5: import pandas as pd
6: from pandas import DataFrame, Series
7:
8: np.random.seed(20160614)
9: tf.set_random_seed(20160614)
```

8〜9行目が乱数のシードの設定になりますが、8行目は、NumPyのモジュールが発生する乱数についてのシードを設定しており、一方、9行目は、TensorFlowのモジュールが発生する乱数のシードを設定します。トレーニングセットのデータを生成する部分については、これまでと同様にNumPyが提供する乱数機能を使用しますが、この後、

ニューラルネットワークのパラメーター（1次関数の係数）の初期値を決定する際に、TensorFlowの乱数機能を使用しています。

02

続いて、トレーニングセットのデータを乱数で生成します。

[SNE-02]

```
 1: def generate_datablock(n, mu, var, t):
 2:     data = multivariate_normal(mu, np.eye(2)*var, n)
 3:     df = DataFrame(data, columns=['x1','x2'])
 4:     df['t'] = t
 5:     return df
 6:
 7: df0 = generate_datablock(15, [7,7], 22, 0)
 8: df1 = generate_datablock(15, [22,7], 22, 0)
 9: df2 = generate_datablock(10, [7,22], 22, 0)
10: df3 = generate_datablock(25, [20,20], 22, 1)
11:
12: df = pd.concat([df0, df1, df2, df3], ignore_index=True)
13: train_set = df.reindex(permutation(df.index)).reset_index(drop=True)
```

　ここでは、(x_1, x_2)平面を図3.5のような4つの領域に分けて、それぞれの領域にデータを配置しています。右上部分に$t=1$のデータを配置して、それ以外の部分には$t=0$のデータを配置します。コードの内容は、「2.1.2 TensorFlowによる最尤推定の実施」の **[MLE-02]** と本質的に同じです。

03

ここで生成したデータは、pandasのデータフレームに格納していますが、ここから、(x_1, x_2)とtのすべてのデータを縦に並べた行列を取り出しておきます。

[SNE-03]

```
1: train_x = train_set[['x1','x2']].as_matrix()
2: train_t = train_set['t'].as_matrix().reshape([len(train_set), 1])
```

　変数**train_x**と**train_t**は、それぞれ、次の行列$\mathbf{X}$と$\mathbf{t}$に対応します。

$$\mathbf{X} = \begin{pmatrix} x_{11} & x_{21} \\ x_{12} & x_{22} \\ x_{13} & x_{23} \\ \vdots & \vdots \end{pmatrix},\ \mathbf{t} = \begin{pmatrix} t_1 \\ t_2 \\ t_3 \\ \vdots \end{pmatrix} \qquad (3.8)$$

04

次に、図3.4のニューラルネットワークをTensorFlowのコードで表現します。はじめに、隠れ層の値(z_1, z_2)を行列形式で計算すると次のようになります。

$$\mathbf{Z} = \tanh(\mathbf{X}\mathbf{W}_1 \oplus \mathbf{b}_1) \qquad (3.9)$$

ここで、$\mathbf{Z}$は、トレーニングセットのn番目のデータ(x_{1n}, x_{2n})に対応する値(z_{1n}, z_{2n})を並べた行列で、$\mathbf{W}_1$と$\mathbf{b}_1$は、1次関数の係数、および、定数項を並べた行列です。

$$\mathbf{Z} = \begin{pmatrix} z_{11} & z_{21} \\ z_{12} & z_{22} \\ z_{13} & z_{23} \\ \vdots & \vdots \end{pmatrix},\ \mathbf{W}_1 = \begin{pmatrix} w_{11} & w_{12} \\ w_{21} & w_{22} \end{pmatrix},\ \mathbf{b}_1 = (b_1, b_2) \qquad (3.10)$$

(3.9) の$\oplus$は、「2.3.2 画像データの分類アルゴリズム」の (2.29) と同じく、ブロードキャストルールを適用した足し算で、関数$\tanh$についても、関数の適用に関するブロードキャストルールを用いていると考えてください。

05

続いて、隠れ層の値から、出力層の値を計算する部分は、次のようになります。

$$\mathbf{P} = \sigma(\mathbf{Z}\mathbf{W}_0 \oplus b_0) \qquad (3.11)$$

ここで、$\mathbf{P}$は、n番目のデータに対する出力値（$t=1$である確率）P_nを並べた行列で、$\mathbf{W}_0$は、1次関数の係数を並べた行列です。

$$\mathbf{P} = \begin{pmatrix} P_1 \\ P_2 \\ P_3 \\ \vdots \end{pmatrix}, \ \mathbf{W}_0 = \begin{pmatrix} w_{10} \\ w_{20} \end{pmatrix} \qquad (3.12)$$

　b_0 は、1次関数の定数項の値そのもので、(3.11) の計算においては、先と同様に、ブロードキャストルールを適用しています。(3.8) ～ (3.12) の関係をまとめてTensorFlowのコードに直したものが、次になります。

[SNE-04]

```
 1: num_units = 2
 2: mult = train_x.flatten().mean()
 3:
 4: x = tf.placeholder(tf.float32, [None, 2])
 5:
 6: w1 = tf.Variable(tf.truncated_normal([2, num_units]))
 7: b1 = tf.Variable(tf.zeros([num_units]))
 8: hidden1 = tf.nn.tanh(tf.matmul(x, w1) + b1*mult)
 9:
10: w0 = tf.Variable(tf.zeros([num_units, 1]))
11: b0 = tf.Variable(tf.zeros([1]))
12: p = tf.nn.sigmoid(tf.matmul(hidden1, w0) + b0*mult)
```

　このコードは、少し補足説明が必要です。まず、1行目の変数 **num_units** は、隠れ層のノード数を指定するものです。ここでは2を指定していますが、ノード数を変更して、結果がどのように変わるかを確認できるようにしてあります。2行目は、トレーニングセットのデータに含まれるすべての x_1 と x_2 の値の平均値を計算しています。これは、この後で、パラメーターの最適化処理を高速化するテクニックで使用します。

　4行目の **x** は、(3.8) の $\mathbf{X}$ に対応するPlaceholderです。いつものように、格納するデータ数を任意にとれるように、**[None, 2]** というサイズを指定しています。また、6行目と7行目の **w1** と **b1** は、(3.10) の $\mathbf{W}_1$ と $\mathbf{b}_1$ に対応するVariableです。

　ここで、**w1** は、乱数を用いて初期値を決定している点に注意してください。tf.truncated_normalは、指定サイズの多次元リストに対応するVariableを用意して、それぞれの要素を平均0、標準偏差1の正規分布の乱数で初期化します。0を中心にして、

およそ、±1の範囲に広がる乱数だと考えてください[*2]。これまで、Variableの初期値はすべて0に設定していましたが、隠れ層の係数については、このように乱数で初期化する必要があります。これらの係数を0に初期化すると、最初の状態が誤差関数の停留点に一致して、勾配降下法による最適化処理が進まなくなる場合があるためです。

8行目は、(3.9) に相当する計算式です。tf.nn.tanhは、ハイパボリックタンジェントに対応する関数で、変数**hidden1**は、(3.10) の$\mathbf{Z}$に対応します。ここで、8行目の最後の部分では、定数項**b1**に、2行目で計算した定数**mult**（すべてのx_1とx_2の平均値）を掛けています。これが、先に触れた、パラメーターの最適化処理を高速化するテクニックです。(3.9) を忠実にコード化するなら、定数**mult**を掛けるという部分は不要ですが、そうすると、パラメーターの最適化処理が極端に遅くなってしまいます[*3]。

同様に、10～12行目は、(3.11) の計算式に対応します。**w0**は (3.12) の$\mathbf{W}_0$に対応するVariableで、**b0**は定数項b_0に対応するVariableです。また、**p**は、(3.12) の$\mathbf{P}$に対応する計算値です。先ほどと同じ理由で、定数項**b0**には、定数**mult**が掛かっています。

06

続いて、誤差関数、トレーニングアルゴリズム、正解率の計算式をそれぞれ定義します。

[SNE-05]

```
1: t = tf.placeholder(tf.float32, [None, 1])
2: loss = -tf.reduce_sum(t*tf.log(p) + (1-t)*tf.log(1-p))
3: train_step = tf.train.GradientDescentOptimizer(0.001).minimize(loss)
4: correct_prediction = tf.equal(tf.sign(p-0.5), tf.sign(t-0.5))
5: accuracy = tf.reduce_mean(tf.cast(correct_prediction, tf.float32))
```

これらは、本質的には、「2.1.2 TensorFlowによる最尤推定の実施」の [MLE-06]、[MLE-07] と同じ内容です。ニューラルネットワークを用いているとは言え、与えられたデータ(x_1, x_2)が$t = 1$である確率$P(x_1, x_2)$が決まってしまえば、そこから先の処理は、出力層だけの単純なモデルと変わりはありません。

---

*2 厳密に言うと、tf.truncated_normalは、標準偏差の2倍を超える値は生成しないようになっています。通常の正規分布が必要な場合は、tf.random_normalを使用します。
*3 これは、この問題に特有の事情によるものですが、理論的な説明が気になる方は、[1] の第4章にある「4.2 パーセプトロンの幾何学的な解釈」を参考にしてください。

[1] 「ITエンジニアのための機械学習理論入門」中井 悦司（著）、技術評論社（2015）

ただし、3行目で指定するトレーニングアルゴリズムは、これまでと異なります。これまで用いていたtf.train.AdamOptimizer の代わりに、ここでは、tf.train.GradientDescentOptimizerを使用しています。これは、「1.1.4 TensorFlowによるパラメーターの最適化」の (1.19) に示した、勾配降下法のアルゴリズムを愚直に適用するシンプルなトレーニングアルゴリズムで、学習率ϵの値を明示的に指定する必要があります。今の例では、引数の0.001が学習率になります。これも、パラメーターの最適化処理を高速化するためのもので、この問題に固有のテクニックです[*4]。

07

これで、必要な準備が整いました。この後は、セッションを用意してVariableを初期化した後に、パラメーターの最適化処理を実施します。

[SNE-06]

```
1: sess = tf.InteractiveSession()
2: sess.run(tf.initialize_all_variables())
```

[SNE-07]

```
1: i = 0
2: for _ in range(1000):
3:     i += 1
4:     sess.run(train_step, feed_dict={x:train_x, t:train_t})
5:     if i % 100 == 0:
6:         loss_val, acc_val = sess.run(
7:             [loss, accuracy], feed_dict={x:train_x, t:train_t})
8:         print ('Step: %d, Loss: %f, Accuracy: %f'
9:             % (i, loss_val, acc_val))
```

```
Step: 100, Loss: 44.921848, Accuracy: 0.430769
Step: 200, Loss: 39.270321, Accuracy: 0.676923
Step: 300, Loss: 51.999702, Accuracy: 0.584615
Step: 400, Loss: 21.701561, Accuracy: 0.907692
```

---

*4 得られる答えが最初からわかっている問題なので、学習率を動的に調整するアルゴリズムよりも、最適な学習率を明示的に指定した方が最適化処理が早く行われるというわけです。ここで用いる学習率の値0.001は、試行錯誤で決定したものです。

```
Step: 500, Loss: 12.708739, Accuracy: 0.953846
Step: 600, Loss: 11.935550, Accuracy: 0.953846
Step: 700, Loss: 11.454470, Accuracy: 0.953846
Step: 800, Loss: 10.915851, Accuracy: 0.953846
Step: 900, Loss: 10.570508, Accuracy: 0.953846
Step: 1000, Loss: 11.822164, Accuracy: 0.953846
```

「2.1.2 TensorFlow による最尤推定の実施」の [MLE-09] では、パラメーターが最適値に収束するまで、勾配降下法によるパラメーターの修正を20,000回繰り返す必要がありました。ここでは、それよりずっと少ない回数（1,000回）で、最適値に収束しています。これは、1次関数の定数項を**mult**倍して、学習率を固定したトレーニングアルゴリズムを適用するという、前述のテクニックによる効果になります。この例からも、機械学習、とりわけディープラーニングにおいては、問題ごとの個別のチューニングが重要な点が理解できると思います。

08

これで答えが得られましたので、最後に、得られた結果をグラフに表示して確認しておきます。

[SNE-08]

```
 1: train_set1 = train_set[train_set['t']==1]
 2: train_set2 = train_set[train_set['t']==0]
 3:
 4: fig = plt.figure(figsize=(6,6))
 5: subplot = fig.add_subplot(1,1,1)
 6: subplot.set_ylim([0,30])
 7: subplot.set_xlim([0,30])
 8: subplot.scatter(train_set1.x1, train_set1.x2, marker='x')
 9: subplot.scatter(train_set2.x1, train_set2.x2, marker='o')
10:
11: locations = []
12: for x2 in np.linspace(0,30,100):
13:     for x1 in np.linspace(0,30,100):
14:         locations.append((x1,x2))
15: p_vals = sess.run(p, feed_dict={x:locations})
```

```
16: p_vals = p_vals.reshape((100,100))
17: subplot.imshow(p_vals, origin='lower', extent=(0,30,0,30),
18:                cmap=plt.cm.gray_r, alpha=0.5)
```

これを実行すると、図3.6の結果が得られます。これは、$t=1$である確率$P(x_1, x_2)$の値を色の濃淡で示したもので、2本の直線により、4つの領域に分割されていることがわかります。この例では、右上の領域は$P(x_1, x_2) > 0.5$になっており、その他の3つの領域は、$P(x_1, x_2) < 0.5$になっていると考えられます。

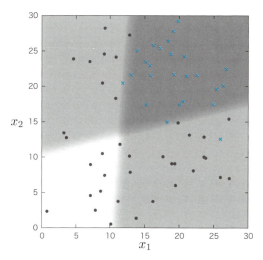

図3.6 隠れ層により4つの領域に分類された結果

なお、**[SNE-08]**では、11〜16行目で、(x_1, x_2)平面上の各点における$P(x_1, x_2)$の値を計算していますが、計算上の工夫があるので、その点を補足しておきます。はじめに、11〜14行目では、(x_1, x_2)平面 $(0 \leq x_1 \leq 30, 0 \leq x_2 \leq 30)$ を100×100の領域に分割して、それぞれの代表点の座標を1次元のリスト**locations**に格納しています。その後、15行目では、このリストをPlaceholder **x**に格納した状態で、計算値**p**を評価することで、各点における$P(x_1, x_2)$の値を格納したリスト（NumPyのarrayオブジェクト）を取得しています。これを16行目で100×100の2次元リストに変換して、グラフ表示可能なデータとしています。

「2.1.2 TensorFlowによる最尤推定の実施」の**[MLE-10]**と**[MLE-11]**では、最適化処理が終わった時点でのパラメーターの値を取り出して、具体的な計算式を用いて、確率$P(x_1, x_2)$の値を計算していました。今の例でこれと同じ方法を用いた場合、再度、**[SNE-04]**と同じ計算式をコードで記述する必要があります。ここでは、セッション内

で計算を行うことにより、重複するコードの記述を避けるようにしています。

これで、隠れ層の効果を具体的に確認することができました。図3.5では、境界線の両側で、$z_1, z_2 = \pm 1$の値が明確に分かれるという前提で説明をしましたが、実際には、図3.3の$y = \tanh x$のグラフのように値が変化します。その結果、図3.6では、境界線の部分でゆるやかに色が変化していることがわかります。

3.1.3 ノード数の変更と活性化関数の変更による効果

ここでは、単層ニューラルネットワークにおいて、隠れ層のノード数を増やした場合の効果と、活性化関数を変更した場合の効果について説明します。まず、隠れ層のノード数を増やすということは、図3.5における、領域の分割数を増やすことに相当します。より正確にいうと、ノードの数だけ分割線が得られることになり、各領域を特徴づける変数が増えることになります。たとえば、M個のノードを用いた場合、各領域は、$z_m = \pm 1 (m = 1, \cdots, M)$という値の組で特徴づけられます。

01

具体例として、先ほど用いたコードを次のように変更してみます。

[SNE-04]

```
1: num_units = 4
```

[SNE-05]

```
3: train_step = tf.train.GradientDescentOptimizer(0.0005).minimize(loss)
```

[SNE-07]

```
2: for _ in range(4000):
```

ここでは、変更部分のみを記載しています。隠れ層のノード数を4個に増やして、学習率を0.0005に変更した上で、パラメーターの最適化処理の回数を4,000回に増やしています。パラメーターの数が増加したことで、誤差関数の形状はより複雑になったものと想像されます。そのため、誤差関数の最小値を探しだすには、パラメーターをより

細かく、何度も修正していく必要があるわけです。この修正を行ったコードを実行すると、図3.7の結果が得られます[*5]。

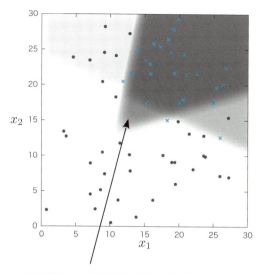

この部分は $t=1$ の確率が小さくなっている

図3.7 隠れ層のノード数を増やした効果

　この結果を見ると、$t=1$ の確率が高い、色の濃い部分の形が変化していることがわかります。「×」で示された $t=1$ のデータをより正確に取り囲んでおり、データが存在しない中央部分は、$t=1$ である確率が小さくなっています。これは、3本の直線で領域を分割することで得られたものと理解できます。隠れ層には4個のノードがあるので、原理的には4本の直線で分割することが可能ですが、残りの1本はこの図の範囲外のところに存在しており、データの分類には寄与していないことになります。

　このように、隠れ層のノードを増やすことにより、より複雑なデータ配置に対応することが可能になります。MNISTのデータセットを用いた手書き文字の分類の場合、784次元空間を「0」〜「9」の数字に対応した10個の領域に分類する必要がありました。トレーニングセットのデータ群が、784次元空間にどのように配置されているのかを想像するのは簡単ではありませんが、とにかく、隠れ層を追加すれば、複雑なデータ配置にフィットした、より正確な分類が実現できると期待ができます。

---

*5 実行済みのノートブックの内容を修正して再実行する際は、「1.2.2 Jupyterの使い方」で説明した手順により、一度、カーネルをリスタートして、再度、はじめのセルから実行してください。

02

　最後に、活性化関数を変更した場合の効果を見ておきます。先に触れたように、多数のパラメーターを持つニューラルネットワークでは、ハイパボリックタンジェントよりも、ReLUの方がパラメーターの最適化がうまく進むと言われています。先ほど、隠れ層のノードを4個に増やした例を試しましたが、ここからさらに、活性化関数をReLUに変更してみます。

[SNE-04]

```
8: hidden1 = tf.nn.relu(tf.matmul(x, w1) + b1*mult)
```

　tf.nn.reluがReLUに相当する関数を与えます。これを実行すると、図3.8の結果が得られます。図3.3からわかるように、ReLUは、$x=0$を超えた後も値が変化し続けます。それに対応して、図3.8では境界がゆるやかに変化していることになります。境界の形を変えることがReLUを用いる本質的な理由ではありませんが、このような簡単な例を利用することで、ニューラルネットワークを構成する要素を変更した際の効果を直感的に理解することができます。ここで紹介した以外にも、さまざまな変更を試してみるとよいでしょう。

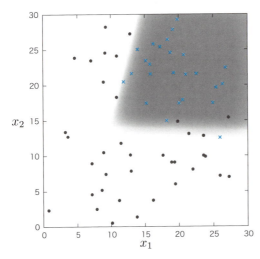

図3.8　活性化関数にReLUを用いた効果

Chapter 3-2 単層ニューラルネットワークによる手書き文字の分類

　前節では、2次元平面のデータを分類する二項分類器の例を用いて、単層ニューラルネットワークの構造を理解しました。また、単層ニューラルネットワークをTensorFlowのコードで表現することもできました。ここでは、これと同じ手法をMNISTの手書き文字データセットの分類問題に適用していきます。

3.2.1 単層ニューラルネットワークを用いた多項分類器

　はじめに、使用するニューラルネットワークの全体像を図3.9に示します。入力層のデータ数と隠れ層のノード数が増えていることに加えて、出力層にソフトマックス関数を用いる点が先程との違いになります。この後の計算では、隠れ層のノード数は1,024に設定しますが、ここでは、一般にM個のノードがあるものとして計算を進めます。

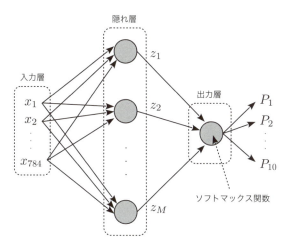

図3.9　MNISTデータセットを分類する単層ニューラルネットワーク

　ソフトマックス関数は、「2.2.2 ソフトマックス関数による確率への変換」の(2.25)(2.26)で与えられるものでした。入力層に与えたデータから、1次関数と活性化関数の組み合わせで、隠れ層の出力 $(z_1, z_2, \cdots, z_M)$ を得るところまでは、先ほどと同じ計算です。その後、ここで得られた出力をもとにして、次の計算式で、「0」～「9」のそれぞ

れの文字である確率を個別に計算します。

$$f_k(z_1, \cdots, z_M) = w_{1k}^{(0)} z_1 + \cdots + w_{Mk}^{(0)} z_M + b_k^{(0)} \ (k=1, \cdots, 10) \quad (3.13)$$

$$P_k = \frac{e^{f_k}}{\sum_{k'=1}^{10} e^{f_{k'}}} \ (k=1, \cdots, 10) \quad (3.14)$$

(3.13) に含まれるパラメーターの右肩にある添字 (0) は、出力層のパラメーターであることを示すものです。隠れ層のパラメーターと区別するために付けてあります。(3.14) によって、確率 P_k が計算できれば、この後の処理は、これまでと変わりません。「2.3.2 画像データの分類アルゴリズム」の (2.37)～(2.43) と同じ方法で、誤差関数を定義して、これを最小化するようにパラメーターの最適化処理を実施することができます。

それでは、以上の内容をTensorFlowのコードで表現して、実際に実行してみましょう。対応するノードブックは、「Chapter03/MNIST single layer network.ipynb」になります。

01

はじめに、モジュールをインポートして、乱数のシードを設定します。隠れ層のパラメーターを乱数で初期化するため、7行目において、TensorFlowのモジュールに対するシードも設定しています。

[MSL-01]

```
1: import tensorflow as tf
2: import numpy as np
3: import matplotlib.pyplot as plt
4: from tensorflow.examples.tutorials.mnist import input_data
5:
6: np.random.seed(20160612)
7: tf.set_random_seed(20160612)
```

02

続いて、MNISTのデータセットをダウンロードします。

[MSL-02]

```
 1: mnist = input_data.read_data_sets("/tmp/data/", one_hot=True)
```

03

ここで、図3.9に示した単層ニューラルネットワークに対応する計算式を定義します。

[MSL-03]

```
 1: num_units = 1024
 2:
 3: x = tf.placeholder(tf.float32, [None, 784])
 4:
 5: w1 = tf.Variable(tf.truncated_normal([784, num_units]))
 6: b1 = tf.Variable(tf.zeros([num_units]))
 7: hidden1 = tf.nn.relu(tf.matmul(x, w1) + b1)
 8:
 9: w0 = tf.Variable(tf.zeros([num_units, 10]))
10: b0 = tf.Variable(tf.zeros([10]))
11: p = tf.nn.softmax(tf.matmul(hidden1, w0) + b0)
```

1行目は、隠れ層のノード数を変数**num_units**に設定しています。3行目の**x**は、入力層のデータに対応するPlaceholderで、5〜7行目は、隠れ層の出力**hidden1**を計算しています。この部分は、入力層のデータ数が2個から784個に変わっただけで、先ほど「3.1.2 隠れ層が果たす役割」の **[SNE-04]** で定義した内容と本質的に同じです。そして、9〜11行目は、隠れ層の出力から、ソフトマックス関数を用いて確率を計算する部分です。ここは、入力値が**x**から**hidden1**に変わっている以外は、「2.3.3 TensorFlowによるトレーニングの実施」の **[MSE-03]** と本質的に同じです。

04

続いて、誤差関数**loss**、トレーニングアルゴリズム**train_step**、正解率**accuracy**を定義します。この部分は、**[MSE-04] [MSE-05]** と同じ内容です。

[MSL-04]

```
1: t = tf.placeholder(tf.float32, [None, 10])
2: loss = -tf.reduce_sum(t * tf.log(p))
3: train_step = tf.train.AdamOptimizer().minimize(loss)
4: correct_prediction = tf.equal(tf.argmax(p, 1), tf.argmax(t, 1))
5: accuracy = tf.reduce_mean(tf.cast(correct_prediction, tf.float32))
```

05

　最後に、セッションを用意して、パラメーターの最適化を実行した上で、分類結果のサンプルを表示します。この部分のコードは、**[MSE-06]** 〜 **[MSE-08]** とまったく同じなので、ここにコードは記載しませんが、パラメーターの最適化を実施した際の出力結果は下記になります。

```
Step: 100, Loss: 3136.286377, Accuracy: 0.906700
Step: 200, Loss: 2440.697021, Accuracy: 0.928000
Step: 300, Loss: 1919.005249, Accuracy: 0.941900
Step: 400, Loss: 1982.860718, Accuracy: 0.939400
Step: 500, Loss: 1734.469971, Accuracy: 0.945500
…… 中略 ……
Step: 1600, Loss: 1112.656494, Accuracy: 0.966600
Step: 1700, Loss: 953.149780, Accuracy: 0.972200
Step: 1800, Loss: 960.959900, Accuracy: 0.970900
Step: 1900, Loss: 1035.524414, Accuracy: 0.967900
Step: 2000, Loss: 990.451965, Accuracy: 0.970600
```

　テストセットに対して、最終的に約97%の正解率を達成しています。出力層のソフトマックス関数だけを用いた場合の正解率は、**[MSE-07]** にあるように約92%でしたので、大きな改善が得られたと言えるでしょう。参考までに、分類結果のサンプルを示すと、図3.10のようになります。「2.3.3 TensorFlowによるトレーニングの実施」の図2.23と同様に、それぞれの文字について、正解と不正解の例を3個ずつ表示しています。図2.23の出力層だけの場合と比較して、どのような違いがあるか観察すると面白いでしょう。

図3.10 単層ニューラルネットワークによる分類結果

3.2.2 TensorBoardによるネットワークグラフの確認

　ここまで、単層ニューラルネットワークをTensorFlowのコードで表現して、パラメーターの最適化を実施することに成功しました。しかしながら、この後、より複雑なニューラルネットワークを取り扱うようになると、意図したとおりのニューラルネットワークが正しくコードで表現されているのか、不安になることもあります。そのような際に利用できるのが、TensorFlowのビジュアライゼーションツールであるTensorBoardです。

　TensorBoardを用いると、コード内で定義したニューラルネットワークの構造（ネットワークグラフ）をグラフィカルに表示して、ノード間の繋がりを目で見て確認することができます。その他には、最適化処理が進む中で、各種のパラメーター（Variable）や誤差関数の値がどのように変化するかをグラフ表示することも可能です。ただし、TensorBoardを使用する場合は、次のような点を考慮してコードを書く必要があります。

- with構文を用いたグラフコンテキスト内に、Placeholder、Variable、計算値の定義を記載する
- with構文によるネームスコープを用いて、入力層、隠れ層、出力層などに構成要素をグループ化する
- ネットワークグラフに付与するラベル名をコード内で指定する
- グラフに表示するパラメーターを宣言して、SummaryWriterオブジェクトでデータを書き出す

ここでは、先ほど手書き文字の分類に使用したコードを上記の点を考慮して書き直した例を紹介します。対応するノートブックは、「Chapter03/MNIST single layer network with TensorBoard.ipynb」になります。ただし、with構文を用いてコードを記載するために、各種の定義を1つのブロックにまとめる必要があり、Jupyterのノートブック上で複数のセルにわけてコードを記載するのが難しくなります。ここでは、ニューラルネットワークの構成要素を1つのクラスにまとめて定義する形でコードを作成しています。

01

はじめに、必要なモジュールをインポートして、MNISTのデータセットを用意します。この部分は、先ほどと同じです。

[MST-01]

```
1: import tensorflow as tf
2: import numpy as np
3: import matplotlib.pyplot as plt
4: from tensorflow.examples.tutorials.mnist import input_data
5:
6: np.random.seed(20160612)
7: tf.set_random_seed(20160612)
```

[MST-02]

```
1: mnist = input_data.read_data_sets("/tmp/data/", one_hot=True)
```

02

続いて、ニューラルネットワークの構成要素を1つにまとめたクラスSingleLayer Networkを用意します。

[MST-03]

```
 1: class SingleLayerNetwork:
 2:     def __init__(self, num_units):
 3:         with tf.Graph().as_default():
 4:             self.prepare_model(num_units)
 5:             self.prepare_session()
 6:
 7:     def prepare_model(self, num_units):
 8:         with tf.name_scope('input'):
 9:             x = tf.placeholder(tf.float32, [None, 784], name='input')
10:
11:         with tf.name_scope('hidden'):
12:             w1 = tf.Variable(tf.truncated_normal([784, num_units]),
13:                              name='weights')
14:             b1 = tf.Variable(tf.zeros([num_units]), name='biases')
15:             hidden1 = tf.nn.relu(tf.matmul(x, w1) + b1, name='hidden1')
16:
17:         with tf.name_scope('output'):
18:             w0 = tf.Variable(tf.zeros([num_units, 10]), name='weights')
19:             b0 = tf.Variable(tf.zeros([10]), name='biases')
20:             p = tf.nn.softmax(tf.matmul(hidden1, w0) + b0, name='softmax')
21:
22:         with tf.name_scope('optimizer'):
23:             t = tf.placeholder(tf.float32, [None, 10], name='labels')
24:             loss = -tf.reduce_sum(t * tf.log(p), name='loss')
25:             train_step = tf.train.AdamOptimizer().minimize(loss)
26:
27:         with tf.name_scope('evaluator'):
28:             correct_prediction = tf.equal(tf.argmax(p, 1), tf.argmax(t, 1))
29:             accuracy = tf.reduce_mean(tf.cast(correct_prediction,
30:                                               tf.float32), name='accuracy')
31:
32:         tf.scalar_summary("loss", loss)
33:         tf.scalar_summary("accuracy", accuracy)
34:         tf.histogram_summary("weights_hidden", w1)
```

```
35:         tf.histogram_summary("biases_hidden", b1)
36:         tf.histogram_summary("weights_output", w0)
37:         tf.histogram_summary("biases_output", b0)
38:
39:         self.x, self.t, self.p = x, t, p
40:         self.train_step = train_step
41:         self.loss = loss
42:         self.accuracy = accuracy
43:
44:     def prepare_session(self):
45:         sess = tf.InteractiveSession()
46:         sess.run(tf.initialize_all_variables())
47:         summary = tf.merge_all_summaries()
48:         writer = tf.train.SummaryWriter("/tmp/mnist_sl_logs", sess.graph)
49:
50:         self.sess = sess
51:         self.summary = summary
52:         self.writer = writer
```

　2～5行目は、このクラスのインスタンスを作成した際に、最初に呼び出されるコンストラクタになります。隠れ層のノード数を引数で受け取った後、3行目のwith構文で「グラフコンテキスト」を開始しています。このコンテキスト内で、**prepare_model**（各種構成要素の定義）と**prepare_session**（セッションの用意）を呼び出すことにより、ここで定義された内容がネットワークグラフとして表示されます。

　7～42行目の**prepare_model**の定義を見ると、8～30行目は、[MSL-03][MSL-04]とほぼ同じ内容であるとわかります。ここでは、入力層、隠れ層、出力層のそれぞれに含まれるPlaceholder、Variable、計算値、さらには、誤差関数、トレーニングアルゴリズム、正解率などを定義しています。この際、8、11、17、22、27行目では、with構文により、個別の「ネームスコープ」のコンテキストを設定しています。これは、それぞれの構成要素をグループ化するもので、ネットワークグラフを表示する際に、同じグループの要素が1つの枠にまとめて表示されます。with構文でネームスコープを設定する際は、引数でグループの名前を指定します。また、それぞれの要素に対して、**name**オプションで、ネットワークグラフ上に表示する名前を指定しています。

　32～37行目は、値の変化をグラフ表示する要素を宣言しています。tf.scalar_summaryは、誤差関数や正解率のように、単一の値をとる要素について、その変化を折れ線グラフに表示します。tf.histogram_summaryは、複数の要素を含む多次元リ

ストについて、それらの値の分布をヒストグラムに表示します。一般に、誤差関数や正解率の値の変化を折れ線グラフで見ながら、パラメーター（Variable）の値については、その分布の変化をヒストグラムで確認する形になります。最後に、39〜42行目では、クラスの外部から参照する必要のある変数をインスタンス変数として公開しています。

その後、44〜52行目の **prepare_session** では、セッションを用意してVariableを初期化するという処理に加えて、TensorBoardが参照するデータの出力準備を行います。47行目は、32〜37行目で宣言した要素をまとめたサマリーオブジェクトを作成して、変数 **summary** に格納しておきます。48行目は、データの出力先ディレクトリー（この例では、**/tmp/mnist_sl_logs**）を指定して、データ出力用のSummary Writerオブジェクトを作成した上で、変数 **writer** に格納しています。

50〜52行目では、セッションオブジェクト **sess** とあわせて、これらのオブジェクトをインスタンス変数として公開しています。この後、パラメーターの最適化処理を実施する中で、これらのオブジェクトを用いて、TensorBoardが参照するデータの出力を行います。

03

データ出力先のディレクトリーに以前に実行した際のデータが残っていると、TensorBoardの出力が乱れるので、ここで、データ出力用のディレクトリーを削除して、初期化しておきます。

[MST-04]

```
1: !rm -rf /tmp/mnist_sl_logs
```

04

続いて、パラメーターの最適化処理を実施します。

[MST-05]

```
1: nn = SingleLayerNetwork(1024)
2:
3: i = 0
4: for _ in range(2000):
5:     i += 1
```

```
 6:     batch_xs, batch_ts = mnist.train.next_batch(100)
 7:     nn.sess.run(nn.train_step, feed_dict={nn.x: batch_xs, nn.t: batch_ts})
 8:     if i % 100 == 0:
 9:         summary, loss_val, acc_val = nn.sess.run(
10:             [nn.summary, nn.loss, nn.accuracy],
11:             feed_dict={nn.x:mnist.test.images, nn.t: mnist.test.labels})
12:         print ('Step: %d, Loss: %f, Accuracy: %f'
13:                % (i, loss_val, acc_val))
14:         nn.writer.add_summary(summary, i)
```

このコードは、本質的には、TensorBoardを使用しない先ほどの場合（**[MSL-05]**〜**[MSL-06]**、もしくは、**[MSE-06]**〜**[MSE-08]**）と同じ内容です。先ほどと異なるのは、1行目で、**[MST-03]**で定義したSingeLayerNetworkクラスのインスタンスを作成して、ニューラルネットワークに関連する変数は、インスタンス変数を通して参照している点になります。また、9〜11行目では、誤差関数と正解率の値に加えて、先ほど用意したサマリーオブジェクトの内容を変数**summary**に取得しています。その後、14行目で、同じく先に用意したSummaryWriterオブジェクトを用いて、取得した内容をTensorBoardが参照するデータの出力用のディレクトリーに書き出します。この時、TensorBoardがグラフを作成するのに必要な情報として、最適化処理の実施回数**i**を引数に追加しています。

05

これで、TensorBoardに受け渡すデータが用意できました。TensorBoardを起動して、実行結果を確認していきます。JupyterからTensorBoardを起動する際は、図3.11

図3.11 コマンドターミナルを開くメニュー

のプルダウンメニューから、「New」→「Terminal」を選択してコマンドターミナルを開きます。その後、コマンドターミナル内で、次のコマンドを実行します。**--logdir**オプションには、先ほどデータを出力したディレクトリーを指定します。

```
# tensorboard --logdir=/tmp/mnist_sl_logs
```

06

この後、Webブラウザーを開き、URL「http://<サーバーのIPアドレス>:6006」に接続すると、図3.12、図3.13のような画面が表示されます。図3.12の上は、「EVENTS」メニューから正解率と誤差関数の値をグラフ表示したもので、図3.12の下は、「HISTOGRAMS」メニューからパラメーター（Variable）の変化をヒストグラムに表示したものです。このヒストグラムは、多数のパラメーターの値がどのように分布しているかを示すものです。

図3.12 TensorBoardでパラメーターの変化をグラフ表示した様子

また、図3.13は、ニューラルネットワークに含まれる要素同士の接続を表します。
[MST-03]でそれぞれの要素を定義する際に、with構文によるネームスコープを用いて
要素をグループ化しましたが、図3.13の上はそれぞれのグループを大きな枠にまとめて
表示しています。それぞれの枠を開いて、内部の構成を確認することも可能で、図3.13
の下は、隠れ層にあたる「hidden」の中を開いたものになります。

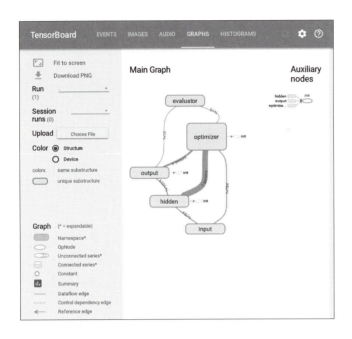

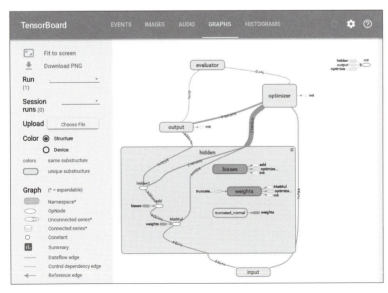

図3.13 TensorBoardでネットワークグラフを表示した様子

07

最後に、コマンドターミナル内で［Ctrl］+［C］を押して、先ほど起動したTensor Boardを停止したあと、exitコマンドでターミナルのプロセスを終了しておきます。

```
# exit ⏎
```

プロセスを終了せずターミナルの画面を閉じてしまった場合

手順 07 の操作を行わずにコマンドターミナルの画面を閉じた場合、ターミナルのプロセスはそのまま稼働を続けています。このような際は、ファイル一覧画面で「Running」タブを選択すると、図3.14のように、稼働中のプロセスを確認することができます。ここで、「Shutdown」をクリックして、稼働中のターミナルのプロセスを停止しておきます。

図3.14 ターミナル、および、カーネルのプロセスを停止する方法

また、この画面では、ノートブックを実行中のカーネルのプロセスも一覧表示されます。カーネルのプロセスは、ノートブックを閉じてもそのまま実行を続けていますので、不要なカーネルはこの画面から停止しておきます。特に、これ以降はメモリー容量を必要とするサンプルコードが増えてきます。この段階で、一度、実行中のカーネルをすべて停止して、空きメモリーを確保しておくとよいでしょう。

Chapter 3-3 多層ニューラルネットワークへの拡張

　ここまで、隠れ層が1層だけの単層ニューラルネットワークについて解説してきました。次のステップとして、隠れ層を2層に増やしたニューラルネットワークを考えることができます。しかしながら、ディープラーニングの仕組みを理解する上では、やみくもに隠れ層を追加して複雑にするのではなく、新たに追加した隠れ層が持つ「役割」を理解することが大切になります。ここでは、2次元平面のデータを用いた例に立ち戻り、隠れ層を追加することの意味を捉えてみたいと思います。

3.3.1 多層ニューラルネットワークの効果

　「3.1.2 隠れ層が果たす役割」の図3.5では、隠れ層に2個のノードを持った単層ニューラルネットワークにより、平面を4つの領域に分割できることを示しました。その結果、図3.6のような配置のデータをうまく分類することができました。それでは、同じ単層ニューラルネットワークを用いて、図3.15のような配置のデータを分類することは可能でしょうか？

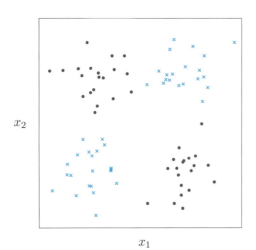

図3.15 交差する位置に異なるタイプのデータが配置されたパターン

答えを言うと、残念ながらこれは不可能です。その理由は、次のように理解することができます。先ほど図3.5で見たように、隠れ層の2つのノードによって、(x_1, x_2)平面は、$(z_1, z_2) = (-1, -1), (-1, 1), (1, -1), (1, 1)$という4つの領域に分割されました。そして、これらの値を受け取った出力層は、次の関数によって、$t = 1$である確率を計算します。

$$P = \sigma(w_{10}z_1 + w_{20}z_2 + b_0) \tag{3.15}$$

ここで、シグモイド関数の中にある1次関数を$g(z_1, z_2)$とします。

$$g(z_1, z_2) = w_{10}z_1 + w_{20}z_2 + b_0 \tag{3.16}$$

　この時、$g(z_1, z_2) = 0$は、(z_1, z_2)平面上の直線を表しており、(3.15)は、この直線の両側で、$t = 1$の領域と$t = 0$の領域を分割することを意味します。図3.16を見るとわかるように、互いに交差する位置に異なるタイプのデータがある場合、これを直線で分類することはできません。図3.5を見なおして、(x_1, x_2)平面と(z_1, z_2)の値の関係を考えなおすと、図3.5ような配置のデータはうまく分類できる一方で、図3.15のような配置には対応できないことがわかります。

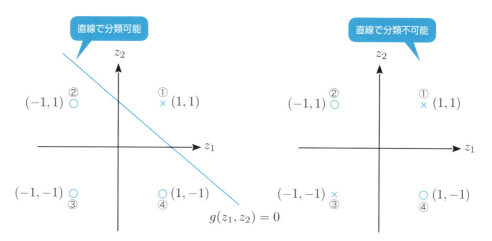

図3.16 直線で分類できる配置と分類できない配置

　これは、出力層が(z_1, z_2)平面を単なる直線で分割するところに問題があります。出力層の機能を拡張して、より複雑な分割ができるようにすれば、うまく対応できる可能性があります。—— と言っても、「出力層を拡張する」にはどのような方法があるのでしょうか？

実は、これは、出力層をニューラルネットワークにするという方法で対応が可能です。「ニューラルネットワークの出力層をニューラルネットワークにするって、いったいどういうこと？」という声が聞こえてきそうですが、要するに、図3.17に示すように、隠れ層が2層のニューラルネットワークを構成するということです。1段目の隠れ層が出力する(z_1, z_2)の値を2段目の隠れ層以降の部分で処理することにより、図3.15のデータ配置を正しく分類することが可能になります。

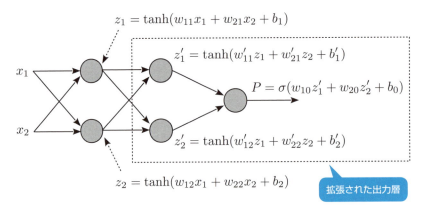

図3.17 出力層を拡張したニューラルネットワーク

01

理由の説明は後にして、まずは、TensorFlowのコードを用いて、実際の結果を確認してみましょう。対応するノートブックは、「Chapter03/Double layer network example.ipynb」になります。これは、「3.1.2 隠れ層が果たす役割」で解説した「Chapter 03/Single layer network example.ipynb」において、ニューラルネットワークの構成を変更した以外は、本質的な違いはありません。ニューラルネットワークを構成する部分のコードは、次のようになります。

[DNE-04]

```
1: num_units1 = 2
2: num_units2 = 2
3:
4: x = tf.placeholder(tf.float32, [None, 2])
5:
6: w1 = tf.Variable(tf.truncated_normal([2, num_units1]))
```

```
 7: b1 = tf.Variable(tf.zeros([num_units1]))
 8: hidden1 = tf.nn.tanh(tf.matmul(x, w1) + b1)
 9:
10: w2 = tf.Variable(tf.truncated_normal([num_units1, num_units2]))
11: b2 = tf.Variable(tf.zeros([num_units2]))
12: hidden2 = tf.nn.tanh(tf.matmul(hidden1, w2) + b2)
13:
14: w0 = tf.Variable(tf.zeros([num_units2, 1]))
15: b0 = tf.Variable(tf.zeros([1]))
16: p = tf.nn.sigmoid(tf.matmul(hidden2, w0) + b0)
```

1行目と2行目は、それぞれ、1層目と2層目の隠れ層のノード数を指定しています。その後、入力層**x**、1層目の隠れ層**hidden1**、2層目の隠れ層**hidden2**、出力層**p**が順番に定義されています。興味のある方は、(3.8) ～ (3.12) を参考にこれらの関係を行列形式で表現して、図3.17に示した入出力の関係が確かに成り立つことを確認するとよいでしょう。規則的なコードになっていますので、ここからさらに、隠れ層を追加していくことも難しくはありません。

02

なお、このコードでは、**[SNE-04]** と異なり、定数**mult**を掛けるという高速化のテクニックは使用していません。最初に用意するトレーニングセットのデータをうまく調整して、このようなテクニックが不要な状態にしてあります。具体的には、次のコードでトレーニングセットのデータを生成しています。

[DNE-02]

```
 1: def generate_datablock(n, mu, var, t):
 2:     data = multivariate_normal(mu, np.eye(2)*var, n)
 3:     df = DataFrame(data, columns=['x1','x2'])
 4:     df['t'] = t
 5:     return df
 6:
 7: df0 = generate_datablock(30, [-7,-7], 18, 1)
 8: df1 = generate_datablock(30, [-7,7], 18, 0)
 9: df2 = generate_datablock(30, [7,-7], 18, 0)
10: df3 = generate_datablock(30, [7,7], 18, 1)
```

```
11:
12: df = pd.concat([df0, df1, df2, df3], ignore_index=True)
13: train_set = df.reindex(permutation(df.index)).reset_index(drop=True)
```

7～10行目を見るとわかるように、原点を取り囲んで、$(-7, -7), (-7, 7), (7, -7),$ $(7, 7)$を中心とする4つの領域にデータを配置しています。これは、データ全体の値の平均がほぼ0になることを意味しており、これによって、前述のテクニックが不要となります[*6]。もちろん、現実のデータの場合は、このような条件を満たしているとは限りませんが、そのような場合は、データ全体に一定の値を足して、平均を0に修正してから分類処理を行うという方法もあります。これは、いわゆる「データの前処理」にあたる作業の1つです。この他には、データ全体に定数を掛けて、データの分散を1に調整するということもよく行われます。

そして、シグモイド関数による出力層の値**p**が定義できれば、この後の処理は、これまでと同様です。誤差関数、トレーニングアルゴリズム、正解率を定義した後に、トレーニングアルゴリズムを用いて、パラメーターの最適化を実施すると、最終的に、図3.18の結果が得られます。データの特徴を捉えた、適切な分類ができていることがわかります。作為的に用意したデータとはいえ、驚くほどうまく分類できているのではないでしょうか？ 次は、このような分類が可能になる理由を考えていきます。

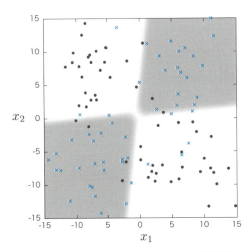

図3.18 2層ニューラルネットワークによる分類結果

[*6] データの平均値が0に近い場合に、前述のテクニックが不要になる理由については、「3.1.2 隠れ層が果たす役割」で紹介した[1]に説明があります。

3.3.2 特徴変数に基づいた分類ロジック

ここでは、隠れ層を追加することにより、図3.15のようなデータ配置に対応することができた理由を少しユニークな「論理回路」の視点で捉えてみます。まず、1層目の隠れ層の出力は、図3.19のように、(z_1, z_2)平面の4つの点に対応しました。厳密には、境界線付近のデータについては、これら以外の値もとりますが、活性化関数として用いたハイパボリックタンジェントは、-1から1へと急激に値が変化するので、大部分のデータについては、(z_1, z_2)の値は、この4つの点の周りへと集約されることになります。

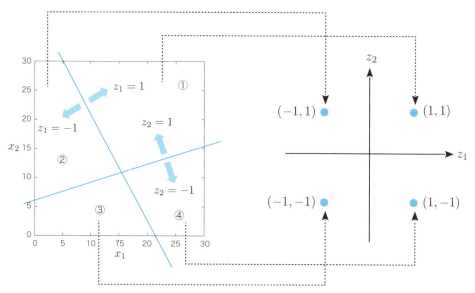

図3.19 1層目の隠れ層による値の変換

そして、この4つの点を直線で分類した際に、どのような分類が可能であるかを論理計算で表現してみます。たとえば、図3.20の左上は、z_1とz_2の両方が1である場合とそうでない場合を分類しています。これは、z_1とz_2の値についての「AND計算」とみなすことができます。一般的な論理計算では、0と1の値を使用しますが、ここでは、0の代わりに-1を使用しているものと考えてください。また、図中のオーバーラインは「否定(NOT)」を表す記号です。同様に、図3.20の右上は、z_1とz_2の少なくとも一方が1である場合とそうでない場合を分類しており、これは、z_1とz_2の値についての「OR計算」にあたります。

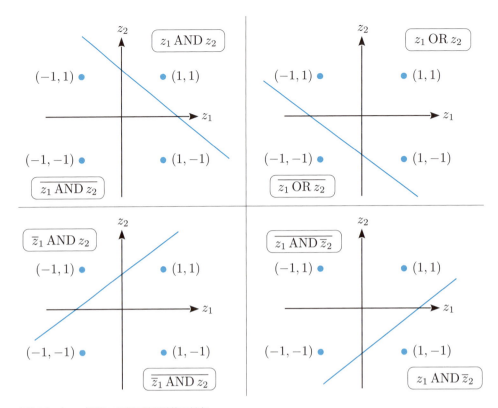

図3.20 (z_1, z_2)平面の分類と論理計算の対応

　1次関数に活性化関数を組み合わせたノードは、一般に、入力データを直線で分類するという性質を持っているわけですが、入力データが±1のバイナリー値を取るとした場合は、このようにして、論理計算回路とみなすことができます。図3.20の下の2つは、それほど単純な論理計算には対応していませんが、1つのノードは、少なくともAND回路（z_1 AND z_2または$\overline{z_1 \text{ AND } z_2}$）、および、OR回路（$z_1$ OR z_2または$\overline{z_1 \text{ OR } z_2}$）の機能を内包することがわかりました。

　より正確に表現すると、図3.20の左上のケースでは、境界線の右上で活性化関数が1になる場合はz_1 AND z_2を計算する回路、左下で活性化関数が1になる場合は$\overline{z_1 \text{ AND } z_2}$を計算する回路になります。図3.20の右上のOR回路についても同様です。

　一方、図3.16の右に示したパターン、すなわち、直線では分類できないパターンは、どのような論理計算に対応するでしょうか？　これは、z_1とz_2が一致する場合とそうでない場合を分類しており、論理計算でいうとXOR計算に相当します。念のために、論理計算のルールを表3.2にまとめておきましたので、参考にしてください。

表3.2 論理計算のルール

AND計算

1 AND 1	1
1 AND 0	0
0 AND 1	0
0 AND 0	0

$\overline{1\,\text{AND}\,1}$	0
$\overline{1\,\text{AND}\,0}$	1
$\overline{0\,\text{AND}\,1}$	1
$\overline{0\,\text{AND}\,0}$	1

OR計算

1 OR 1	1
1 OR 0	1
0 OR 1	1
0 OR 0	0

$\overline{1\,\text{OR}\,1}$	0
$\overline{1\,\text{OR}\,0}$	0
$\overline{0\,\text{OR}\,1}$	0
$\overline{0\,\text{OR}\,0}$	1

XOR計算

1 XOR 1	0
1 XOR 0	1
0 XOR 1	1
0 XOR 0	0

　ここで、どこかで習ったはず（？）の論理回路の組み合わせ法則を思い出してください。手元に、AND回路とOR回路があれば、これらを3つ組み合わせることで、XOR回路を作ることが可能です。これがまさに、図3.17の「拡張された出力層」にほかなりません。ここに含まれる3つのノードのパラメーターを調整して、図3.21の論理回路を構成すれば、図3.16の右にあるパターンが分類可能になるというわけです。表3.2のルールを用いると、図3.21の組み合わせで、確かにXOR回路が合成されていることがわかります。

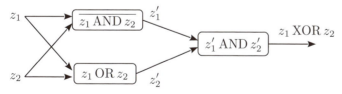

図3.21 AND回路とOR回路でXOR回路を構成する方法

　このような観点で、この2層ニューラルネットワークの機能をあらためて整理すると、図3.22のように理解することが可能です。特に、1つ目の隠れ層は、(x_1, x_2)平面を4分割して、それぞれに、$(z_1, z_2) = (-1, -1), (-1, 1), (1, -1), (1, 1)$という4種類の値を割り

当てます。元々のデータは、(x_1, x_2)という2つの実数で表現されていますが、$t = 0, 1$という特徴を判定する上では、±1の値をとる、2つのバイナリー変数(z_1, z_2)で十分だったのです。

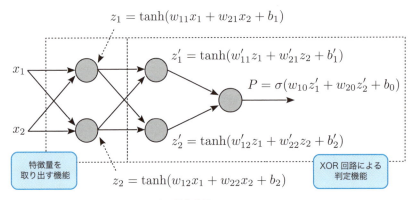

図3.22 2層ニューラルネットワークの機能分解

　このように、データを分類するために必要な「特徴量」を抽出するのが、1つ目の隠れ層の役割になります。オリジナルのデータから、分類に必要な特徴量を取り出した変数(z_1, z_2)を「特徴変数」とも言います。そして、2つ目の隠れ層は、抽出された特徴量に基づいて、$t = 0, 1$の判定を行います。このような、「特徴量の抽出」＋「特徴量に基づいた分類」が多層ニューラルネットワークの本質とも言えます。

　ここであらためて、第1章の図1.2を見なおしてみましょう。このニューラルネットワークの場合、「特徴量に基づいた分類」を実施するのは、最後の全結合層とソフトマックス関数を組み合わせた部分になります。先ほどの例では、「拡張された出力層」にあたる部分です。このように考えると、その前段にある畳み込みフィルターとプーリング層の役割は、自然に理解することができます。入力層で与えらた画像データから、その特徴量を抽出して、全結合層に対して特徴変数の値を入力することが、その役割となります（図3.23）。

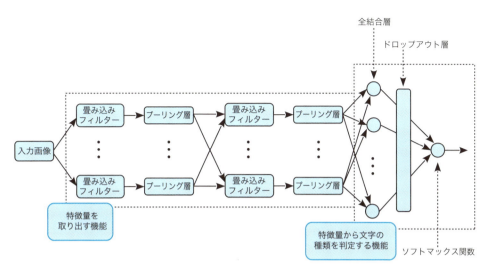

図3.23 手書き文字の分類を行うCNNの機能分解

　先ほどの図3.18は、説明のために用意した簡単な例ですので、2個のノードからなる隠れ層で特徴を抽出することができましたが、MNISTのデータセットとして与えられる手書き文字データの場合は、それだけでは不十分です。手書き文字を分類するために最適な「特徴」を抽出するには、画像データに特化した専用の処理が必要であり、それを実現するのが、畳み込みフィルターとプーリング層というわけです。第4章からは、いよいよ、これらの仕組みを理解して、どのようにして手書き文字画像の特徴が抽出されるのかを見ていくことになります。

3.3.3 補足：パラメーターが極小値に収束する例

　第4章に進む前に、誤差関数の極小値について少し補足しておきます。「2.3.4 ミニバッチと確率的勾配降下法」の図2.25では、誤差関数が最小値と極小値を持つ例を紹介しました。図3.18の問題は、まさにこのような例になります。

　実は、ノートブック「Chapter03/Double layer network example.ipynb」に示したコードでは、最適な分類、すなわち、誤差関数が最小となる状態を達成するように、学習率をうまく設定してあります。この時、学習率をより小さく設定して実行すると、誤差関数の極小値にパラメーターが収束して、そこから変化しなくなることがあります。具体例としては、図3.24のような結果が得られる場合があります。

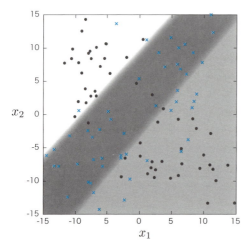

図3.24 誤差関数の極小値にパラメーターが収束した例

　図3.18の結果と比べると、正解率は低く、誤差関数の値も大きいのですが、パラメーターの修正をどれだけ繰り返しても、これ以上、状態が変化することはありません。これは、図3.24の状態から、図3.18の状態に変化させようとすると、一度、正解率がより低くなる状態、言い換えると、誤差関数がより大きくなる状態を通る必要があるためです。学習率がある程度大きければ、そのような状態を飛び越えて、より誤差関数が小さい状態、つまり、最小値のところに行く可能性もありますが、この例では、学習率が小さいために、極小値の谷底から抜けられないというわけです。

　また、この例では、すべてのデータを用いてパラメーターの修正を行っている点にも注意が必要です。具体的なコードでは、次の部分になります。

[DNE-07]

```
1: i = 0
2: for _ in range(2000):
3:     i += 1
4:     sess.run(train_step, feed_dict={x:train_x, t:train_t})
5:     if i % 100 == 0:
6:         loss_val, acc_val = sess.run(
7:             [loss, accuracy], feed_dict={x:train_x, t:train_t})
8:         print ('Step: %d, Loss: %f, Accuracy: %f'
9:                % (i, loss_val, acc_val))
```

4行目でトレーニングアルゴリズム**train_step**によるパラメーターの修正を実施

する際、`feed_dict`オプションにトレーニングセットのすべてのデータを受け渡しています。

「2.3.4 ミニバッチと確率的勾配降下法」で説明したように、トレーニングセットの一部のデータを用いてパラメーターの修正を行う、確率的勾配降下法を用いれば、極小値の谷を抜けられる可能性もあります。ただし、あくまで「確率的」な動きに依存しますので、しばらくの間、極小値のまわりを動きまわった後、突然、最小値の方に向かうという動きをします。

特に、複雑なニューラルネットワークを用いる場合、TensorBoardで誤差関数の変化を見ていると、図3.25のように、誤差関数の値が階段状に変化することがあります。これはちょうど、極小値のまわりをしばらく動きまわった後に、突然、最小値の方向に向かうという動きに対応しています。極小値をとる場所が複数ある場合は、何段階かにわけて、誤差関数の値が変化するという場合もあります。

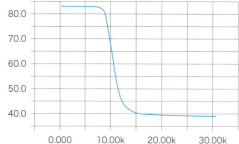

図3.25 誤差関数が突然減少する例

特に、本格的なディープラーニングの世界では、最適化処理を数時間（時には、数日間）続けていると、突然、誤差関数の値が大きく減少するということがあります。最適化処理を打ち切るタイミングを見つける難しさが、想像できるものと思います。

> **コラム**

TnsorFlowを支えるハードウェア

　本章では、「論理回路」の視点でニューラルネットワークの仕組みを捉えてみました。この説明からもわかるように、ニューラルネットワークを構成する個々のノードの仕組みは、決して複雑なものではありません。1次関数と活性化関数を組み合わせた、とてもシンプルな構造です。TensorFlowをはじめとする機械学習のライブラリーにおいて、計算処理の高速化にGPUが利用されるのはこれが理由です。

　GPU（Graphics Processing Unit）は、その名の通り、デジタル画像処理のために開発された演算装置で、画像を構成する多数のピクセルについて、比較的単純な計算処理を並列に高速実行することができます。このGPUを用いて、画像データの代わりに、ニューラルネットワークを構成する多数のノードの計算処理を高速実行しようというのが基本的なアイデアです。

　そして、2016年5月に米Google社は、一般的なGPUではなく、独自の演算装置を設計・開発して、社内で利用していることを公表しました[2]。これは、TensorFlow専用に開発されたもので、TPU（Tensor Processing Unit）と名付けられています。写真は、囲碁の世界チャンピオンと対戦した際に用いられたTPUを搭載したラックで、側面に貼られた碁盤のイラストが印象的です。

[2] Google supercharges machine learning tasks with TPU custom chip
https://cloudplatform.googleblog.com/2016/05/Google-superchargesmachine-learning-tasks-with-custom-chip.html

Chapter 04
畳み込みフィルターによる画像の特徴抽出

第4章のはじめに

　前章では、多層ニューラルネットワークを用いることで、「特徴量の抽出」+「特徴量に基づいた分類」という処理が実現できることを説明しました。とりわけ、本書のメインテーマであるCNNにおいては、図4.1にある、畳み込みフィルターとプーリング層の組み合わせによって、手書き文字の特徴量が抽出されることになります。

　本章では、「｜」「―」「＋」の3種類の記号に限定して簡単化した例で、畳み込みフィルター、および、プーリング層の役割を具体的に確認します。また、これらを用いて抽出した特徴を「特徴変数」に変換して、画像の分類を実現するコードを実装していきます。

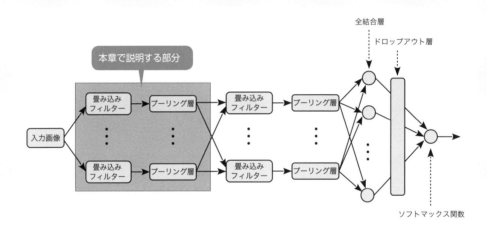

図4.1　CNNの全体像と本章で説明する部分

Chapter 4-1 畳み込みフィルターの機能

「1.1.3 ディープラーニングの特徴」でも触れたように、畳み込みフィルターは、Photoshopなどの画像処理ソフトウェアでも利用されている機能です。決して、ディープラーニング専用に開発されたものではありません。ここでは、例として、画像をぼかすフィルターと画像のエッジを抽出するフィルターを取り上げて、その機能を具体的に確認します。

4.1.1 畳み込みフィルターの例

はじめに、簡単な例として、画像をぼかすフィルターを考えます。これは、画像の各ピクセルにおいて、その部分の色をまわりのピクセルの色と混ぜて、平均化した色に置き換えることで実現できます。

グレースケールの画像データであれば、3×3の範囲を考えて、各ピクセルの値（その点の濃度）を図4.2のような重みで足しあわせたものを中央のピクセルの値に置き換えます。図4.2の左の例は、中央とまわりのピクセルをほぼ同じ重みにしてあり、右の例は、中央のピクセルの重みを大きくしています。この場合、左の方が「ぼかし効果」はより強くなります。どちらの例も、すべての重みの合計が1になっている点に注意してください。重みの合計が1より大きい場合は、画像の色を濃くする効果が入ります。

0.11	0.11	0.11
0.11	0.12	0.12
0.11	0.11	0.11

0.05	0.05	0.05
0.05	0.60	0.05
0.05	0.05	0.05

図4.2 画像のぼかし効果を得るフィルターの例

図4.3は、サンプル画像に左側のフィルターを適用した例になります。濃度の値が

「140」のピクセルに対して、その周りのピクセルを含めて、対応するフィルターの重みで濃度の値を足し合わせた例を示してあります。計算結果は、四捨五入して整数値に変換しています。この例では、ぼかし効果はそれほど強くありませんが、フィルターのサイズを大きくして、より広い範囲のピクセルの値を混ぜることで、より強い、ぼかし効果が得られます。

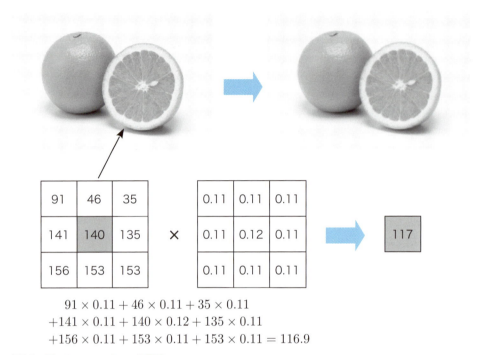

$$91 \times 0.11 + 46 \times 0.11 + 35 \times 0.11$$
$$+141 \times 0.11 + 140 \times 0.12 + 135 \times 0.11$$
$$+156 \times 0.11 + 153 \times 0.11 + 153 \times 0.11 = 116.9$$

図4.3 畳み込みフィルターの適用例

　本質的には、これが畳み込みフィルターのすべてです。予想外に単純で驚いたかもしれませんが、フィルターの重みを取り替えることにより、いろいろと面白い画像操作が可能になります。たとえば、図4.4のフィルターを考えてみます。このフィルターには、重みに負の値が含まれていますが、各ピクセルに掛けて合計した値が負になる場合は、その絶対値をとるものとしてください。

　落ち着いて考えるとわかるように、このフィルターには、横に伸びた線を消去する効果があります。横に同じ色が続いている部分は、左右のプラスとマイナスがキャンセルして、0になるためです。一方、縦のエッジの部分では、左右の値がキャンセルせずにそのまま残ります。言い換えると、このフィルターには、縦に伸びるエッジを抽出する効果があります。

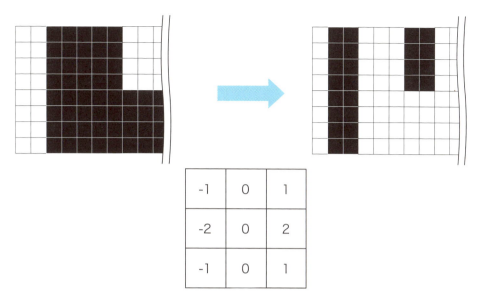

図4.4 縦のエッジを抽出するフィルター

　図4.5は、さらに、フィルターの大きさを5×5に広げたものですが、これは、エッジの部分をより太い幅で残す効果があります。実際に使用する際は、正の部分、もしくは、負の部分のみの合計（絶対値）が1になるように、全体を23.0で割った値を適用します。フィルターを90度回転させることで、縦線を消去して、横に伸びるエッジを抽出することも可能です。

2	1	0	-1	-2
3	2	0	-2	-3
4	3	0	-3	-4
3	2	0	-2	-3
2	1	0	-1	-2

2	3	4	3	2
1	2	3	2	1
0	0	0	0	0
-1	-2	-3	-2	-1
-2	-3	-4	-3	-2

※実際には、各成分を 23.0 で割った値を使用する

図4.5 縦と横のエッジをより太い幅で抽出するフィルター

そして、TensorFlowには、このようなフィルターを用意して、画像データに適用する関数があらかじめ用意されています。本書では、主にグレースケールの画像を扱いますが、RGBの3つのレイヤーからなる、カラー画像に対して適用することも可能です。

4.1.2 TensorFlowによる畳み込みフィルターの適用

それでは、TensorFlowのコードを用いて、実際の画像データに図4.5のフィルターを適用してみましょう。ここでは、縦横のエッジを抽出する効果がよく見えるように、筆者が事前に用意した、図4.6の画像データ群を使用します。データのフォーマットは、MNISTの手書き文字画像と同じで、28×28ピクセルのグレースケールの画像です。「俺々MNIST」ということで、ORENISTデータセットと名づけてみました。各ピクセルは、その点の濃度を示す、0〜1の浮動小数点の値をとります。

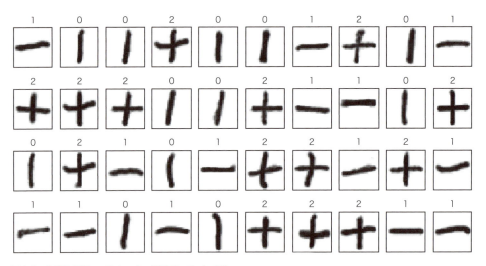

図4.6 ORENISTデータセットの画像データ（一部）

01

ノートブック「Chapter04/ORENIST filter example.ipynb」を用いて、データの内容を確認した上で、フィルターを適用していきます。最初は、必要なモジュールのインポートです。画像データを読み込むために、cPickleモジュールを使用します。

[OFE-01]

```
1: import tensorflow as tf
2: import numpy as np
3: import matplotlib.pyplot as plt
4: import cPickle as pickle
```

02

ノートブックのファイルと同じにディレクトリーに、画像データのファイル「**ORENIST.data**」が用意されています。cPickleモジュールを用いて、これを読み込みます。

[OFE-02]

```
1: with open('ORENIST.data', 'rb') as file:
2:     images, labels = pickle.load(file)
```

 変数**images**と変数**labels**には、それぞれ、画像データと画像の種類を示すラベルデータのリストが格納されます。画像データは、28x28=784個の各ピクセルの濃度を表す数値が並んだ1次元のリスト（NumPyのarrayオブジェクト）になります。対応するラベルデータは、1-of-Kベクトル形式（3個の要素の1つだけが「1」になっているベクトル）で「｜」「―」「＋」の3種類の記号を表します。全体で90枚の画像データがあります。

03

次は、格納したデータの一部をサンプルとして表示します。

[OFE-03]

```
1: fig = plt.figure(figsize=(10,5))
2: for i in range(40):
3:     subplot = fig.add_subplot(4, 10, i+1)
4:     subplot.set_xticks([])
5:     subplot.set_yticks([])
6:     subplot.set_title('%d' % np.argmax(labels[i]))
7:     subplot.imshow(images[i].reshape(28,28), vmin=0, vmax=1,
8:                 cmap=plt.cm.gray_r, interpolation='nearest')
```

これを実行すると、先ほどの図4.6の画像が表示されます。ここでは、先頭の40枚の画像を表示しており、それぞれのタイトル部分にラベルの値を付けています。

04

続いて、この画像データに縦横のエッジを抽出するフィルターを適用するわけですが、TensorFlowには、画像データに対して畳み込みフィルターを適用する関数tf.nn.conv2dが用意されているので、これを利用します。この時、フィルターの情報を多次元リストに格納しておく必要があり、ここで使用するリストのサイズについて少し整理をしておきます。

まず、一般のカラー画像の場合、1枚の画像データは、RGBの3つのレイヤーに分かれます。それぞれのレイヤーに対して、異なるフィルターを適用することが可能になっており、たとえば、1つの画像に2種類のフィルターを適用する場合、全体として、3×2=6種類のフィルターを用意することになります。さらに、1つのフィルターのサイズが5×5の場合、フィルターの情報は、全体として、5×5×3×2というサイズの多次元リストに格納される形になります。

これは、一般的に言うと「フィルターサイズ（縦×横）×入力レイヤー数×出力レイヤー数」という形になります。最後の部分で、「フィルターの種類の数」ではなく、「出力レイヤー数」という表現をしているのは、次のような理由によります。たとえば、カラー画像に2種類の畳み込みフィルター（フィルターAとフィルターB）を適用する場合、図4.7のような処理が行われます。フィルターAとフィルターBは、それぞれ、3つのレイヤーに対応する3種類のフィルターを持っていますが、これらを適用した結果を合成したものが最終的な出力画像となります。ここで言う合成は、各ピクセルの濃度の値を単純に足したものになります。それぞれのフィルターからの出力画像は、RGBの3つのレイヤーに分かれるわけではありません。

一般的な画像処理では、カラー画像にフィルターを適用した結果は、再度、カラー画像になることを期待するでしょう。そのような結果が必要な場合は、3種類のフィルターを用意して、それぞれからの出力結果を変換後の画像のRGBの3つのレイヤーに対応させると考えてください。ただし、CNNの場合は、画像の「特徴」を抽出することが目的ですので、出力結果は、必ずしもカラー画像である必要はありません。

特に今の場合は、1つのレイヤーからなる、グレースケールの画像データを用いるため、それほど複雑に考える必要はありません。図4.8のように、入力レイヤー数は1で、出力レイヤー数は2になりますので、5×5×1×2のサイズの多次元リストを用意して、ここにフィルターの情報を格納することになります。

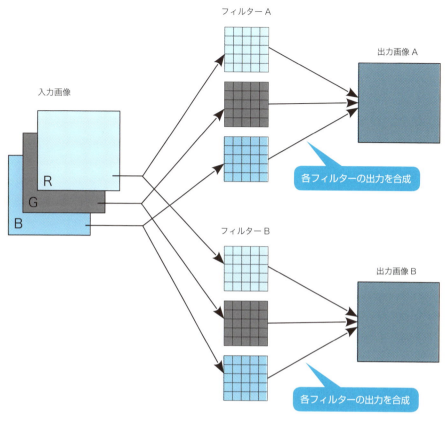

図4.7 カラー画像に対する畳み込みフィルターの適用

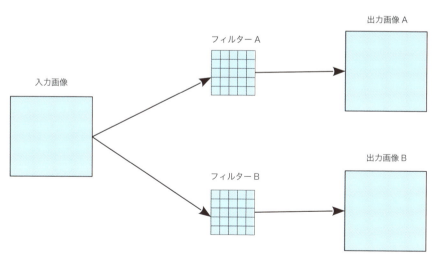

図4.8 グレースケール画像に対する畳み込みフィルターの適用

05

実際に、図4.5のフィルターの情報を格納する関数を用意すると、次のようになります。

[OFE-04]

```
 1: def edge_filter():
 2:     filter0 = np.array(
 3:             [[ 2, 1, 0,-1,-2],
 4:              [ 3, 2, 0,-2,-3],
 5:              [ 4, 3, 0,-3,-4],
 6:              [ 3, 2, 0,-2,-3],
 7:              [ 2, 1, 0,-1,-2]]) / 23.0
 8:     filter1 = np.array(
 9:             [[ 2, 3, 4, 3, 2],
10:              [ 1, 2, 3, 2, 1],
11:              [ 0, 0, 0, 0, 0],
12:              [-1,-2,-3,-2,-1],
13:              [-2,-3,-4,-3,-2]]) / 23.0
14:
15:     filter_array = np.zeros([5,5,1,2])
16:     filter_array[:,:,0,0] = filter0
17:     filter_array[:,:,0,1] = filter1
18:
19:     return tf.constant(filter_array, dtype=tf.float32)
```

2〜13行目では、ひとまず、5×5のサイズのリスト（NumPyのarrayオブジェクト）を2つ用意して、図4.5のフィルターの情報を格納しています。全体を23.0で割る部分は、ブロードキャストルールにより、各要素に対する割り算になります。その後、15〜17行目で、5×5×1×2のサイズの多次元リストを用意して、これらのフィルターの情報を格納しています。np.zerosは、指定のサイズで、すべての要素が0のarrayオブジェクトを用意する関数です。また、**filter_array[:,:,0,0]**と**filter_array[:,:,0,1]**という指定は、後半の1×2の部分のインデックスを指定して、対応する前半の5×5の部分にデータを格納するという意味になります。

最後に、19行目では、用意した多次元リストをTensorFlowの定数値オブジェクトに変換したものを返しています。「1.3.3 セッションによるトレーニングの実行」の図1.25で見たように、TensorFlowでは、個別のセッションの中で、Placeholderに格納したデータを用いた計算が行われます。この際、セッション内で使用する値は、すべて「tf.」で始まるTensorFlowオブジェクトとして用意する必要があり、定数値について

は、この例のように、定数値オブジェクトとして用意しておきます。

06

続いて、先ほど紹介した、関数tf.nn.conv2dを用いて、フィルターを適用する処理を定義します。トレーニングアルゴリズムによるパラメーターの最適処理を行うわけではありませんが、フィルターを適用する計算は、セッション内で行う必要があります。そこで、これまでと同様に、入力データを格納するPlaceholderから順に定義していきます。

[OFE-05]

```
 1: x = tf.placeholder(tf.float32, [None, 784])
 2: x_image = tf.reshape(x, [-1,28,28,1])
 3:
 4: W_conv = edge_filter()
 5: h_conv = tf.abs(tf.nn.conv2d(x_image, W_conv,
 6:                              strides=[1,1,1,1], padding='SAME'))
 7: h_conv_cutoff = tf.nn.relu(h_conv-0.2)
 8:
 9: h_pool =tf.nn.max_pool(h_conv_cutoff, ksize=[1,2,2,1],
10:                        strides=[1,2,2,1], padding='SAME')
```

1〜2行目は、28×28=784個のピクセルからなる画像データを格納するPlaceholderを用意して、これをtf.nn.conv2dに入力可能な形式に変換しています。tf.nn.conv2dは、複数の画像データを同時に入力することが可能になっており、一般に「画像の枚数×画像サイズ（縦×横）×レイヤー数」というサイズの多次元リストでデータを与えます。この例では、5行目の第1引数にある**x_image**が入力データにあたります。今の場合、画像サイズは28×28で、レイヤー数は1になります。また、画像の枚数は、Placeholderに格納したデータ数によって決まります。2行目の関数tf.reshapeの引数では、変換後の多次元リストのサイズとして**[-1,28,28,1]**が指定されていますが、最初の-1は、Placeholderに格納されているデータ数に応じて、適切なサイズに調整するという意味になります。

4〜6行目では、先ほど用意した関数edge_filterを用いて、フィルターの情報を格納した定数オブジェクトを取得した後に、tf.nn.conv2dを用いて、入力データ**x-image**に対してフィルター**W_conv**を適用しています。また、エッジを抽出するフィルターでは、結果が負になる場合は絶対値を取るというルールがあったので、関数tf.absで絶対値に変換しています。

ここで、tf.nn.conv2dのオプションについて補足しておきます。まず、**strides**は、入力画像のサイズが大きい場合などに、一定の間隔でピクセルを抽出して計算することで、画像サイズを小さくするためのオプションです。この例のように、**[1,1,1,1]**を指定すると、すべてのピクセルについて計算を行います。一般には、**[1,dy,dx,1]**という指定により、縦方向について**dy**ピクセルごと、横方向について**dx**ピクセルごとの抽出が行われます[*1]。

　また、**padding**は、画像の端の部分にフィルターを適用する方法を指定します。畳み込みフィルターを適用する際は、対象のピクセルを中心してその周りのピクセルの値を見る必要がありますが、画像の端の方では、フィルターが画像からはみ出して、周りにピクセルが存在しなくなる場合があります。この例のように**SAME**を指定した場合、存在しない部分のピクセルについては、その値を0として計算を行います。もしくは、**VALID**を指定すると、フィルターがはみ出す部分については、計算を行わなくなります。つまり、出力される画像は、端の部分がカットされてサイズが小さくなります。

　その後の7行目は、フィルターの効果を強調してわかりやすくするために、追加した処理になります。「3.1.1 単層ニューラルネットワークによる二項分類器」の図3.3で見たように、tf.nn.relu（ReLU）は、負の値を0に置き換えます。ここでは、0.2を引いてReLUに代入することで、0.2より小さい値を強制的に0にしています。畳み込みフィルターで濃度が0.2より小さくなった所は、強制的に濃度を0に変更することが目的です。

　9～10行目は、畳み込みフィルターを適用した結果について、さらに、プーリング層の処理を適用する部分になります。プーリング層については、「4.1.3 プーリング層による画像の縮小」で改めて説明しますので、ここでは一旦無視しておいてください。

07

　この後は、セッションを用意して、**[OFE-02]**で用意した画像データに対して、実際に畳み込みフィルターを適用します。セッションを用意してVariableを初期化する部分は、これまでと同様です。

[OFE-06]

```
1: sess = tf.InteractiveSession()
2: sess.run(tf.initialize_all_variables())
```

---

*1　先に触れたように、入力データは、「画像の枚数×画像サイズ（縦×横）×レイヤー数」という多次元リストの構造を持っています。**strides**オプションは、この多次元リストから処理対象のピクセルを順番に抽出する際に、それぞれの次元の方向に対する「飛び幅」を指定します。そのため、最初と最後の値は、必ず1を指定する必要があります。

08

続いて、セッション内で計算値を評価することで、畳み込みフィルターを適用した結果を取得します。

[OFE-07]

```
1: filter_vals, conv_vals = sess.run([W_conv, h_conv_cutoff],
2:                                    feed_dict={x:images[:9]})
```

ここでは、変数**images**に用意しておいた画像データから、最初の9個分をPlaceholderに格納して、先に定義した**W_conv**と**h_conv_cutoff**を評価しています。**W_conv**はフィルターの情報を格納した定数オブジェクトですので、**[OFE-04]** で用意したarrayオブジェクトの内容がそのまま返ってきます。**h_conv_cutoff**は、**[OFE-05]** の7行目で定義したもので、畳み込みフィルターを適用した後に、0.2以下のピクセル値を0にしたものです[*2]。

09

最後に、得られた結果を画像として表示します。

[OFE-08]

```
 1: fig = plt.figure(figsize=(10,3))
 2:
 3: for i in range(2):
 4:     subplot = fig.add_subplot(3, 10, 10*(i+1)+1)
 5:     subplot.set_xticks([])
 6:     subplot.set_yticks([])
 7:     subplot.imshow(filter_vals[:,:,0,i],
 8:                    cmap=plt.cm.gray_r, interpolation='nearest')
 9: 
10: v_max = np.max(conv_vals)
11:
12: for i in range(9):
13:     subplot = fig.add_subplot(3, 10, i+2)
14:     subplot.set_xticks([])
```

---

*2 厳密には、画像全体のピクセル値を0.2減らした上で、値が負になる部分を0に置き換えます。

```
15:         subplot.set_yticks([])
16:         subplot.set_title('%d' % np.argmax(labels[i]))
17:         subplot.imshow(images[i].reshape((28,28)), vmin=0, vmax=1,
18:                        cmap=plt.cm.gray_r, interpolation='nearest')
19:
20:         subplot = fig.add_subplot(3, 10, 10+i+2)
21:         subplot.set_xticks([])
22:         subplot.set_yticks([])
23:         subplot.imshow(conv_vals[i,:,:,0], vmin=0, vmax=v_max,
24:                        cmap=plt.cm.gray_r, interpolation='nearest')
25:
26:         subplot = fig.add_subplot(3, 10, 20+i+2)
27:         subplot.set_xticks([])
28:         subplot.set_yticks([])
29:         subplot.imshow(conv_vals[i,:,:,1], vmin=0, vmax=v_max,
30:                        cmap=plt.cm.gray_r, interpolation='nearest')
```

　少し冗長なコードですが、基本的には画像データを表示するだけの処理です。まず、3〜8行目は、2種類のフィルターを画像表示します。7行目では、**[OFE-04]** の16〜17行目と同じ形式でフィルター部分のデータを取り出している点に注意してください。12〜30行目は、オリジナルの画像と2種類のフィルターを適用したそれぞれの結果を表示しています。**h_conv_cutoff**を評価した結果が変数**conv_vals**に格納されていますが、これは、「画像の枚数×画像サイズ（縦×横）×出力レイヤー数」という形式のarrayオブジェクトになります。したがって、23行目と29行目にあるように、**conv_vals[i,:,:,0]**、および、**conv_vals[i,:,:,1]**という指定によって、**i**番目の画像に対する、2種類のフィルターの適用結果が得られます。

　なお、フィルター適用後の画像ファイルは、各ピクセルの値が1より大きくなる可能性があります。そのため、10行目で、すべての画像ファイルにおけるピクセル値の最大値**v_max**を取得しています。23行目と29行目では、これらの値を**vmax**オプションに指定することで、表示する画像の濃淡を調整しています。

　そして、図4.9が実際の出力結果です。左端が2種類のフィルターを画像化したもので、その右に、9種類の画像データにそれぞれのフィルターを適用した結果が示されています。上段のフィルターでは、横方向の直線が消去され、縦方向の直線については、両側のエッジの部分が抽出されていることがわかります。横方向の直線についても、両端のエッジの部分は消えずに残っています。下段のフィルターについては、縦と横を入れ替えて、まったく同じ効果が得られています。

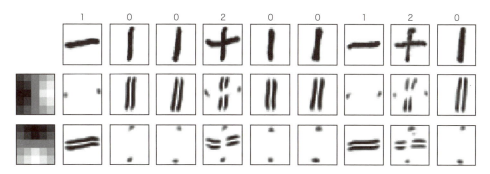

図4.9 畳み込みフィルターを適用した結果

　ここで用いたORENISTのデータセットは、縦棒、および、横棒という特徴で分類できるものと容易に想像できますが、2種類の畳み込みフィルターによって、それぞれの特徴が分離できたことになります。たとえば、上段のフィルターの出力のみが残って、下段のフィルターの出力がほぼ白紙状態になれば、その画像は「｜」に分類されるとわかります。あるいは、両方の出力が残れば、「＋」に分類されるといった具合です。

4.1.3　プーリング層による画像の縮小

　先ほどの説明からもわかるように、今回のデータセットでは、画像の種類を判別する上で重要なのは、フィルターからの出力結果が白紙に近いかどうかであって、出力結果の詳細は関係ありません。そこで、これらの出力結果をそのまま分類に使用するのではなく、あえて画像の解像度を落として、詳細情報を消してしまいます。この処理を行うのが、「プーリング層」の役割になります。

　先ほどの［OFE-05］では、9～10行目にある関数tf.nn.max_poolの説明を省略していましたが、これは、図4.10のように、複数のピクセルを1つにまとめる処理を行います。具体的には、フィルターから出力された28×28ピクセルの画像を2×2ピクセルのブロックに分解して、それぞれのブロックを1つのピクセルで置き換えます。この結果、それぞれの画像は、14×14ピクセルの画像に変換されることになります。ピクセルを置き換える際は、ブロック内にある4つのピクセルの最大値を採用します。

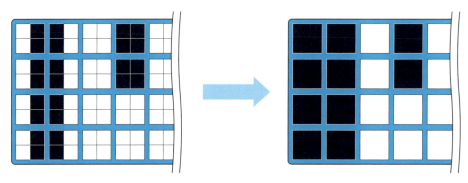

図4.10 プーリング層による画像の縮小処理

　より一般には、tf.nn.max_poolでは、**ksize**オプションで指定されたサイズのブロックを**strides**オプションで指定された間隔で移動させながら、ブロック内におけるピクセルの最大値で置き換えていきます。それぞれのオプションは、**[1,dy,dx,1]**という形式で、縦方向（**dy**）と横方向（**dx**）の値を指定します。tf.nn.max_poolは、ブロック内のピクセルの最大値を用いますが、この他には、平均値で置き換えるtf.nn.avg_poolなども用意されています。

01

　それでは、ここで、先ほど用意したセッションを用いて、プーリング層の処理を適用した結果を取得します。

[OFE-09]

```
1: pool_vals = sess.run(h_pool, feed_dict={x:images[:9]})
```

　変数**pool_vals**には、「画像の枚数×画像サイズ（縦×横）×出力レイヤー数」という形式のarrayオブジェクトが格納されます。画像サイズが14×14に縮小されている点を除けば、先ほどの**conv_vals**と同じ構造ですので、**[OFE-08]**とほぼ同じコードで画像表示することが可能です。10行目、および、23行目と29行目の**conv_vals**を**pool_vals**に変更するだけですので、変更部分のみを記載すると次のようになります。

[OFE-10]

```
10: v_max = np.max(pool_vals)
23:     subplot.imshow(pool_vals[i,:,:,0], vmin=0, vmax=v_max,
24:                    cmap=plt.cm.gray_r, interpolation='nearest')
29:     subplot.imshow(pool_vals[i,:,:,1], vmin=0, vmax=v_max,
30:                    cmap=plt.cm.gray_r, interpolation='nearest')
```

02

　これを実行すると、図4.11の結果が得られます。先ほどの図4.9と比較すると、画像の解像度が下がって、より単純化された結果が得られたことがわかります。次のステップとしては、これらの結果に基づいて、画像を分類する処理を実装していくことになります。

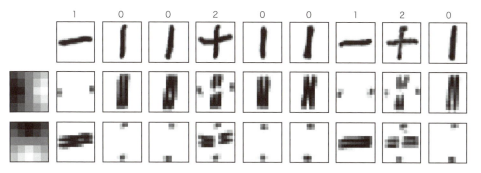

図4.11　畳み込みフィルターとプーリング層を適用した結果

Chapter 4-2 畳み込みフィルターを用いた画像の分類

　ここでは、畳み込みフィルターとプーリング層を利用した画像の分類処理をTensorFlowのコードを用いて実装していきます。先ほどの例では、「縦棒」と「横棒」を抽出するフィルターをあらかじめ用意して、画像データに適用しました。まずはじめは、このような静的なフィルターを用いた分類がうまくいくことを確認します。その後、フィルターの構造そのものを動的に学習するように、コードを修正します。

4.2.1 特徴変数による画像の分類

　図4.11の画像データをもう一度見てみましょう。これは、あらかじめ用意した畳み込みフィルターを用いて、元の画像データから、「縦棒」と「横棒」を抽出したものです。プーリング層を追加して解像度を落とすことにより、それぞれの特徴がより明確になりました。

　それでは、これらの出力結果を用いて、元の画像を分類するには、どのような方法が考えられるでしょうか？　これは、「3.3.2 特徴変数に基づいた分類ロジック」の図3.19がヒントになります。この図は、実数値の組を与える変数 (x_1, x_2) を隠れ層のノードを通すことで、データの特徴を示すバイナリー変数 (z_1, z_2) に変換できることを示しています。

　今の場合は、「縦棒」と「横棒」という2種類の特徴を捉えればよいわけですので、2個のノードからなる隠れ層によって、「縦棒」と「横棒」の存在を示す、2個のバイナリー変数 (z_1, z_2) に変換できるのではないでしょうか？　一旦、バイナリー変数に変換できてしまえば、これをソフトマックス関数で3種類に分類するのは、それほど難しくはないはずです。

　このアイデアをニューラルネットワークで表現すると、図4.12のようになります。プーリング層からは、2種類の14×14ピクセルの画像が出力されますが、これを14×14×2=392個の実数値として、全結合層のそれぞれのノードに入力します。すべてのピクセルからのデータを1つのノードで結合するという意味で、「全結合層」と呼んでいます。

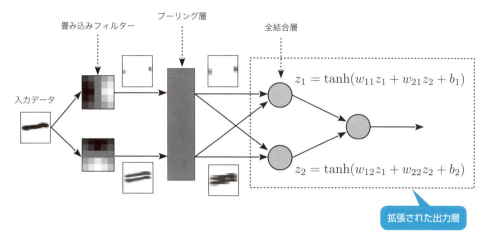

図4.12 画像データを特徴変数に変換するニューラルネットワーク

　また、この図を「3.3.1 多層ニューラルネットワークの効果」の図3.17と比較すると、全結合層以降の部分が「拡張された出力層」に対応することがわかります。図3.17の場合は、前段部分の出力がすでにバイナリー変数 (z_1, z_2) になっていますが、今の場合は、ここが、オリジナル画像から「特徴部分を取り出した画像データ」になっているという違いがあります。これを全結合層で、「縦棒」と「横棒」という2種類の特徴を表すバイナリー変数に変換します。このアイデアがうまくいけば、z_1 と z_2 は、それぞれ、縦棒、もしくは、横棒の存在をバイナリー値で示すものと期待されます。このような意味で、ここでは、z_1 と z_2 を「特徴変数」と呼ぶことにします。

01

　それでは、図4.12のニューラルネットワークをTensorFlowのコードで表現して、期待通りの処理を実現できるか確認していきましょう。対応するノートブックは、「Chapter04/ORENIST classification example.ipynb」です。はじめに、必要なモジュールをインポートして、乱数のシードを設定します。

[OCE-01]

```
1: import tensorflow as tf
2: import numpy as np
3: import matplotlib.pyplot as plt
4: import cPickle as pickle
5:
6: np.random.seed(20160703)
7: tf.set_random_seed(20160703)
```

02

続いて、画像データのファイルを読み込みます

[OCE-02]

```
1: with open('ORENIST.data', 'rb') as file:
2:     images, labels = pickle.load(file)
```

03

フィルターの情報を用意する関数edge_filterを定義します。この関数は、先ほどの**[OFE-04]**と同一になります。

[OCE-03]

```
1: def edge_filter():
```
… 以下省略 …

04

図4.12の前半部分にあたるニューラルネットワークを定義します。この部分は、**[OFE-05]**と同一になります。Placeholder **x**に格納した入力データに、畳み込みフィルターとプーリング層を適用した結果が変数**h_pool**に格納されます。

[OCE-04]

```
 1: x = tf.placeholder(tf.float32, [None, 784])
 2: x_image = tf.reshape(x, [-1,28,28,1])
 3:
 4: W_conv = edge_filter()
 5: h_conv = tf.abs(tf.nn.conv2d(x_image, W_conv,
 6:                           strides=[1,1,1,1], padding='SAME'))
 7: h_conv_cutoff = tf.nn.relu(h_conv-0.2)
 8:
 9: h_pool =tf.nn.max_pool(h_conv_cutoff, ksize=[1,2,2,1],
10:                     strides=[1,2,2,1], padding='SAME')
```

05 そして、プーリング層からの出力を2個のノードからなる全結合層に入力して、さらにソフトマックス関数で3種類のデータに分類します。

[OCE-05]

```
 1: h_pool_flat = tf.reshape(h_pool, [-1, 392])
 2:
 3: num_units1 = 392
 4: num_units2 = 2
 5:
 6: w2 = tf.Variable(tf.truncated_normal([num_units1, num_units2]))
 7: b2 = tf.Variable(tf.zeros([num_units2]))
 8: hidden2 = tf.nn.tanh(tf.matmul(h_pool_flat, w2) + b2)
 9:
10: w0 = tf.Variable(tf.zeros([num_units2, 3]))
11: b0 = tf.Variable(tf.zeros([3]))
12: p = tf.nn.softmax(tf.matmul(hidden2, w0) + b0)
```

先に触れたように、プーリング層から出力された2種類の14×14ピクセルの画像データは、14×14×2=392個の実数値として、全結合層のノードに入力します。そのため、1行目では、**h_pool**を392個のピクセル値を1列に並べた1次元のリストに変換しています。また、6〜8行目は、「3.3 多層ニューラルネットワークへの拡張」の **[DNE-04]** の10〜12行目と同じ構造です。**[DNE-04]** の該当部分は、先ほどの図3.17のように2個の値 (z_1, z_2) を2個のノードに入力しており、**num_units1**と**num_units2**はどちらも2になっています。今の場合は、392個の値を入力するため、3行目で**num_units1**を392に設定してあります。

そして、10〜12行目では、2個のノードからの出力をソフトマックス関数に入力して、3種類あるデータのそれぞれの確率を計算します。この部分は、「3.2.1 単層ニューラルネットワークを用いた多項分類器」の **[MSL-03]** の9〜11行目と同じ構造です。**[MSL-03]** では、「0」〜「9」の10種類に分類していましたが、今の場合は、3種類に分類する点が異なります。

これらの例からもわかるように、ニューラルネットワークを構成する際は、典型的なノードの組み合わせパターンがしばしば発生します。これまで、TensorFlowのコードを書くときは、「行列を用いて計算式を表現して、それをコードに直す」という作業を行ってきましたが、典型的な組み合わせに対応するコードをためていけば、このような作業をスキップして、直接にコードを書き下すことができるようになります。

06

　この後の処理についても、ソフトマックス関数による分類の典型パターンになります。誤差関数**loss**、トレーニングアルゴリズム**train_step**、正解率**accuracy**の定義は、**[MSL-04]**において、分類数を10から3に変更したものと同じになります。

[OCE-06]

```
1: t = tf.placeholder(tf.float32, [None, 3])
2: loss = -tf.reduce_sum(t * tf.log(p))
3: train_step = tf.train.AdamOptimizer().minimize(loss)
4: correct_prediction = tf.equal(tf.argmax(p, 1), tf.argmax(t, 1))
5: accuracy = tf.reduce_mean(tf.cast(correct_prediction, tf.float32))
```

07

　この後は、セッションを用意して、Variableを初期化した後、トレーニングアルゴリズムによるパラメーターの最適化を実施していきます。この部分も **[MSL-05]**、および、**[MSL-06]**とほぼ同じ内容です。

[OCE-07]

```
1: sess = tf.InteractiveSession()
2: sess.run(tf.initialize_all_variables())
```

[OCE-08]

```
1: i = 0
2: for _ in range(200):
3:     i += 1
4:     sess.run(train_step, feed_dict={x:images, t:labels})
5:     if i % 10 == 0:
6:         loss_val, acc_val = sess.run(
7:             [loss, accuracy], feed_dict={x:images, t:labels})
8:         print ('Step: %d, Loss: %f, Accuracy: %f'
9:                % (i, loss_val, acc_val))
```

```
Step: 10, Loss: 97.706993, Accuracy: 0.788889
Step: 20, Loss: 96.378815, Accuracy: 0.822222
```

```
Step: 30, Loss: 94.918198, Accuracy: 0.833333
Step: 40, Loss: 93.346489, Accuracy: 0.911111
Step: 50, Loss: 91.696594, Accuracy: 0.922222
Step: 60, Loss: 89.997681, Accuracy: 0.933333
Step: 70, Loss: 88.272461, Accuracy: 0.966667
Step: 80, Loss: 86.562065, Accuracy: 0.988889
Step: 90, Loss: 84.892662, Accuracy: 1.000000
Step: 100, Loss: 83.274239, Accuracy: 1.000000
Step: 110, Loss: 81.711754, Accuracy: 1.000000
Step: 120, Loss: 80.205574, Accuracy: 1.000000
Step: 130, Loss: 78.751511, Accuracy: 1.000000
Step: 140, Loss: 77.344208, Accuracy: 1.000000
Step: 150, Loss: 75.978905, Accuracy: 1.000000
Step: 160, Loss: 74.651871, Accuracy: 1.000000
Step: 170, Loss: 73.360237, Accuracy: 1.000000
Step: 180, Loss: 72.101730, Accuracy: 1.000000
Step: 190, Loss: 70.874496, Accuracy: 1.000000
Step: 200, Loss: 69.676971, Accuracy: 1.000000
```

今回は、扱うデータが単純なため、勾配降下法によるパラメーターの最適化を約100回実行した所で、正解率は100%に達しています。畳み込みフィルターとプーリング層で抽出した特徴を全結合層で特徴変数(z_1, z_2)に変換するという戦略が、うまく機能したように思われます。

08

そこで、この事実を確認するために、それぞれの画像データに対する(z_1, z_2)の値を取り出して、グラフに表示してみます。今のコードでは、**[OCE-05]** の変数**hidden2**が(z_1, z_2)に対応しており、Placeholder **x**に格納したデータ群に対する(z_1, z_2)の値を縦に並べた行列に相当します。「3.1.2 隠れ層が果たす役割」の (3.10) にある**Z**と同じ構造です。次は、画像データの種類（ラベルの値）ごとに(z_1, z_2)の値を取り出して、対応する記号「｜」「―」「＋」を用いて散布図に示します。

[OCE-09]

```
 1: hidden2_vals = sess.run(hidden2, feed_dict={x:images})
 2:
 3: z1_vals = [[],[],[]]
 4: z2_vals = [[],[],[]]
 5:
 6: for hidden2_val, label in zip(hidden2_vals, labels):
 7:     label_num = np.argmax(label)
 8:     z1_vals[label_num].append(hidden2_val[0])
 9:     z2_vals[label_num].append(hidden2_val[1])
10:
11: fig = plt.figure(figsize=(5,5))
12: subplot = fig.add_subplot(1,1,1)
13: subplot.scatter(z1_vals[0], z2_vals[0], s=200, marker='|')
14: subplot.scatter(z1_vals[1], z2_vals[1], s=200, marker='_')
15: subplot.scatter(z1_vals[2], z2_vals[2], s=200, marker='+')
```

1行目は、パラメーターを最適化した後のセッション内で**hidden2**を評価することで、現時点での(z_1, z_2)の値を取り出しており、6〜9行目のループで、ラベルの値ごとに別々のリストに格納しています。13〜15行目が、文字の種類に対応する記号「｜」「―」「＋」で散布図を描く部分になります。

09

これを実行すると、図4.13の結果が得られます。すべてのデータが±1のあたりに分布しており、(z_1, z_2)が画像の特徴を表すバイナリー変数として機能していることがわかります。具体的には、縦棒の有無がz_1 ($z_1 = -1$が縦棒ありで、$z_1 = 1$が縦棒なし)、横棒の有無がz_2 ($z_2 = 1$が横棒ありで、$z_2 = -1$が横棒なし) に対応していることが読み取れます。

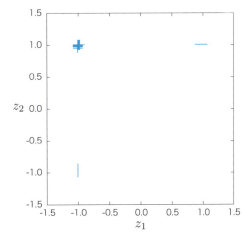

図4.13 特徴変数(z_1, z_2)の分布

ここで重要なのは、どの変数がどの特徴に対応するかという割り当てが自動で行われたという点です。図4.12の前段では、畳み込みフィルターとプーリング層を用いることで、「縦棒」と「横棒」という画像の特徴を抽出しましたが、この段階では、出力されるデータは、依然として、図4.11に示したような画像データにすぎません。後段の「拡張された出力層」により、これらの画像を「縦棒」と「横棒」に分類して、整理するという作業が行われたことになるわけです。

4.2.2 畳み込みフィルターの動的な学習

　ここまで、畳み込みフィルターを用いて、「縦棒」と「横棒」という特徴を抽出することで、図4.6に示したORENISTデータセットの画像を分類することに成功しました。次のステップとしては、これをMNISTの手書き文字データに適用するわけですが、ここで1つ問題が発生します。図4.6の画像データであれば、「縦棒」と「横棒」を抽出するフィルターを用いればよいと、見た目から判断することが可能です。しかしながら、手書き文字（数字）の特徴を抽出するために必要なフィルターがどのようなものかは、それほど簡単にはわかりません。

　この問題は、フィルターそのものを最適化の対象とすることで対応が可能です。つまり、5×5のサイズのフィルターに含まれる25個の値をパラメーターとみなして、勾配降下法による最適化の対象に含めてしまいます。これにより、画像を分類するために必要となる、適切なフィルターが自動的に構成されるというわけです。

　また、このために必要なTensorFlowのコードの修正もごくわずかです。たとえば、先ほどのコードでは、**[OCE-04]** の4行目において、フィルターの値を格納した定数オブジェクトを用意して、変数**W_conv**に保存しました。この部分を定数オブジェクトではなく、最適化対象のパラメーターを示すVariableに置き換えます。この状態で、トレーニングアルゴリズムによるパラメーターの最適化を実施すると、フィルターの内容も自動的に最適化されていきます。

01

　この修正を適用したノートブック「Chatper04/ORENIST dynamic filter example.ipynb」を用いて、実際の動作を確認してみましょう。先ほどの修正点以外は、これまでのコードとほぼ同じ内容ですので、ここでは、ポイントとなる部分だけを説明します。まず、次は、入力データに対して、畳み込みフィルターとプーリング層を適用する計算式を定義する部分です。

[ODE-03]

```
 1: x = tf.placeholder(tf.float32, [None, 784])
 2: x_image = tf.reshape(x, [-1,28,28,1])
 3:
 4: W_conv = tf.Variable(tf.truncated_normal([5,5,1,2], stddev=0.1))
 5: h_conv = tf.abs(tf.nn.conv2d(x_image, W_conv,
 6:                              strides=[1,1,1,1], padding='SAME'))
 7: h_conv_cutoff = tf.nn.relu(h_conv-0.2)
 8:
 9: h_pool =tf.nn.max_pool(h_conv_cutoff, ksize=[1,2,2,1],
10:                        strides=[1,2,2,1], padding='SAME')
```

4行目が修正部分で、「フィルターサイズ（縦×横）×入力レイヤー数×出力レイヤー数」というサイズの多次元リストをVariableとして用意しています。ここでは、tf.truncted_normalにより乱数で初期値を決定しており、**stddev**オプションで乱数の範囲を指定しています。デフォルトでは、およそ±1の範囲に広がる乱数を発生しますが、この例では、±0.1の範囲に変更しています。これは、図4.5のフィルターを使用する際に、全体を23.0で割ったのと同じ理由によるものです。フィルターの値が大きすぎると、フィルター適用後のピクセルの値が大きくなりすぎるおそれがあるので、それを防止しています。

02

これを用いて、パラメーターの最適化を実施すると、図4.14の結果が得られます。上段には、畳み込みフィルターを適用した結果、下段には、さらにプーリング層を適用した結果を最初の9個の画像データについて示しています。左端は、最適化で得られた2種類のフィルターを画像化したものです。これを見ると、最初に手動で用意したものほど鮮明ではありませんが、縦棒と横棒のそれぞれを抽出する効果が得られていることがわかります。このように、畳み込みフィルターの構造そのものをデータから学習することにより、データが持つ特徴を自動的に抽出することが可能になるわけです。

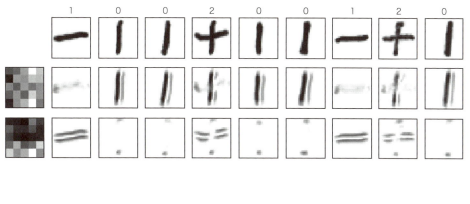

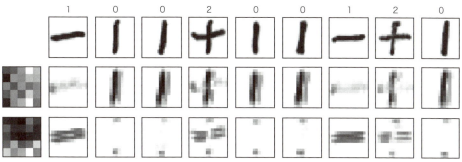

図4.14 畳み込みフィルターを動的に学習した結果

　ただし、この結果については、少し補足説明が必要です。ここで使っている画像データの場合、データの構造が単純なため、畳み込みフィルターを利用しなくても、かなりの精度で分類することが可能です。そのため、動的に学習したフィルターが「縦棒」と「横棒」を正確に抽出していなくても、誤差関数の値が十分に小さくなる場合があります。つまり、実行時の初期条件によっては、図4.14のようなきれいな結果が得られるとは限りません。あるいは、トレーニングアルゴリズムを適用する際に、すべてのデータを用いているため、誤差関数の極小値にパラメーターが収束する可能性もあります。ここでは、あくまで説明のために、きれいな結果が得られるよう、乱数のシードを意図的に選択してあります。

　この後、同じ手法をMNISTの手書き文字データセットに適用しますが、この場合は、畳み込みフィルターとプーリング層を追加することによって、これまでよりもテストセットに対する正解率が高くなります。これは、畳み込みフィルターによる特徴抽出がデータの分類に寄与しているという、確かな証拠と言えるでしょう。また、この時は、トレーニングセットのデータの一部を用いて最適化を繰り返す、ミニバッチによる確率的勾配降下法を適用します。これにより、誤差関数の極小値にパラメーターが収束することを避けています。

Chapter 4-3 畳み込みフィルターを用いた手書き文字の分類

　ここでは、畳み込みフィルターを動的に学習する方法で、MNISTの手書き文字データセットの分類を行います。「3.2.1 単層ニューラルネットワークを用いた多項分類器」では、図3.9のように、1,024個のノードからなる隠れ層を用いることで、テストセットに対して約97%の正解率を達成しました。この隠れ層の前段に、畳み込みフィルターとプーリング層を追加することで、この結果がさらに向上することを確認していきます。また、トレーニング処理を実施中のセッションの状態を保存して、後から復元する機能についても解説を行います。

4.3.1 セッション情報の保存機能

　TensorFlowでは、トレーニング処理を実施中のセッションの状態をファイルに保存しておくことが可能です。畳み込みフィルターを用いたニューラルネットワークでは、最適化対象のパラメーター数が多くなるため、トレーニングアルゴリズムの実行に時間がかかるようになります。このような場合、セッションの状態を保存しておけば、トレーニング処理を中断した場合でも、後から処理を再開することが可能になります。

　あるいは、トレーニング処理が終了した段階でセッションの状態を保存した場合、そこには、最適化されたパラメーターの値が含まれることになります。トレーニング結果を利用して新しいデータの分類を行うなど、最適化済みのパラメーター値が必要な場合は、セッションの状態を復元して、そこに含まれる値を利用することができます。

01

　この後で説明するノートブック「Chapter04/MNIST dynamic filter classification.ipynb」では、具体的に、次の方法でセッションの状態を保存しています。はじめに、セッションを用意してVariableを初期化する際に、tf.train.Saverオブジェクトを取得して、変数に保存しておきます。

[MDC-06]

```
1: sess = tf.InteractiveSession()
2: sess.run(tf.initialize_all_variables())
3: saver = tf.train.Saver()
```

02

次に、トレーニングアルゴリズムによる最適化処理を実施する途中で、このオブジェクトのsaveメソッドを呼び出します。

[MDC-07]

```
 1: i = 0
 2: for _ in range(4000):
 3:     i += 1
 4:     batch_xs, batch_ts = mnist.train.next_batch(100)
 5:     sess.run(train_step, feed_dict={x: batch_xs, t: batch_ts})
 6:     if i % 100 == 0:
 7:         loss_val, acc_val = sess.run([loss, accuracy],
 8:             feed_dict={x:mnist.test.images, t:mnist.test.labels})
 9:         print ('Step: %d, Loss: %f, Accuracy: %f'
10:             % (i, loss_val, acc_val))
11:         saver.save(sess, 'mdc_session', global_step=i)
```

この例では、勾配降下法による最適化を100回繰り返すごとに、その時点での誤差関数と正解率の値を計算していますが、11行目では、このタイミングでsaveメソッドを呼び出しています。この際、引数として、保存対象のセッションと保存用のファイル名（この例では、「**mdc_session**」）、そして、最適化処理の実施回数（**global_step**オプション）を指定します。

これにより、このノートブックと同じディレクトリに「**mdc_session-<処理回数>**」、および、「**mdc_session-<処理回数>.meta**」というファイルが生成されます。これらがセッションの状態を保存したファイルになります。この時、過去5回分のファイルのみが保存されて、それより古いファイルは自動的に削除されます。

また、さらに別のノートブック「Chapter04/MNIST dynamic filter result.ipynb」では、保存されたセッションからフィルターの値を復元して、それを画像表示しています。セッションの状態を復元する際は、はじめに、各種の計算式をもとのセッションと同様に定義します。その後、セッションを用意してVariableを初期化した後に、tf.train.Saverオブジェクトを用意して、restoreメソッドを呼び出します。この際、次のように、対象となるセッションとファイル名（この例では、「`mdc_session-4000`」）を引数で指定します。

[MDR-06]

```
1: sess = tf.InteractiveSession()
2: sess.run(tf.initialize_all_variables())
3: saver = tf.train.Saver()
4: saver.restore(sess, 'mdc_session-4000')
```

この後は、Placeholderに入力データを格納してセッションを評価することで、現在のパラメーターの値を用いた計算結果が得られます。あるいは、ここからさらに、トレーニングアルゴリズムを用いて、パラメーターの最適化を継続することも可能です。

4.3.2 単層CNNによる手書き文字の分類

それでは、畳み込みフィルターを動的に学習する手法をMNISTの手書き文字データセットに適用していきます。前述のように、「3.2.1 単層ニューラルネットワークを用いた多項分類器」で利用した、図3.9のニューラルネットワークに対して、隠れ層の前段に畳み込みフィルターとプーリング層を追加します。使用するフィルターの個数は任意ですが、ここでは、例として、16個のフィルターを適用します。全体の構造は、図4.15のようになります。これは、畳み込みフィルターとプーリング層をそれぞれ1層だけ用いた、単層CNNの例になります。

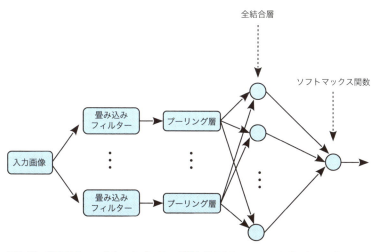

図4.15 畳み込みフィルターとプーリング層を追加したニューラルネットワーク

　これを実装したものが、ノートブック「Chapter04/MNIST dynamic filter classification.ipynb」として用意してあります。なお、このコードを実行する際は、3GB以上の空きメモリーが必要となります。「3.2.2 TensorBoardによるネットワークグラフの確認」の最後に紹介した方法で、他のノートブックを実行中のカーネルを停止して、空きメモリーを確保しておいてください。

01

　はじめに、モジュールをインポートして、乱数のシードを設定した後に、MNISTのデータセットを用意します。

[MDC-01]

```
1: import tensorflow as tf
2: import numpy as np
3: import matplotlib.pyplot as plt
4: from tensorflow.examples.tutorials.mnist import input_data
5:
6: np.random.seed(20160703)
7: tf.set_random_seed(20160703)
```

[MDC-02]

```
1: mnist = input_data.read_data_sets("/tmp/data/", one_hot=True)
```

02

続いて、フィルターに対応するVariableを用意して、入力データに対して、フィルターとプーリング層を適用する計算式を定義します。

[MDC-03]

```
 1: num_filters = 16
 2:
 3: x = tf.placeholder(tf.float32, [None, 784])
 4: x_image = tf.reshape(x, [-1,28,28,1])
 5:
 6: W_conv = tf.Variable(tf.truncated_normal([5,5,1,num_filters],
 7:                                           stddev=0.1))
 8: h_conv = tf.nn.conv2d(x_image, W_conv,
 9:                       strides=[1,1,1,1], padding='SAME')
10: h_pool =tf.nn.max_pool(h_conv, ksize=[1,2,2,1],
11:                        strides=[1,2,2,1], padding='SAME')
```

1行目では、変数 **num_filters** でフィルターの個数を指定するようにしてあります。3〜11行目は、「4.2.2 畳み込みフィルターの動的な学習」の [ODE-03] とほぼ同じですが、畳み込みフィルターの適用方法が少し異なります。[ODE-03] では、エッジを取り出すという目的があったので、各ピクセルの値にフィルターの値を掛けて合計した後に、その絶対値を取りました。一方、今の場合は、エッジを取り出すことが目的ではなく、「画像の分類に適切な特徴」を抽出することが目的です。そこで、単純に各ピクセルの値にフィルターの値を掛けて合計するだけで、絶対値をとるという操作は行っていません。このため、フィルターを適用した後に、ピクセルの値が負になる可能性があります。ピクセルの値が負になると、「ピクセルの濃度」という意味は失われますが、画像の特徴を抽出したデータとしては、これで意味のあるものになっていると考えます。

03

この後は、プーリング層からの出力を全結合層に入力して、さらに、ソフトマックス関数で確率に変換します。

[MDC-04]

```
 1: h_pool_flat = tf.reshape(h_pool, [-1, 14*14*num_filters])
 2:
 3: num_units1 = 14*14*num_filters
 4: num_units2 = 1024
 5:
 6: w2 = tf.Variable(tf.truncated_normal([num_units1, num_units2]))
 7: b2 = tf.Variable(tf.zeros([num_units2]))
 8: hidden2 = tt.nn.relu(tf.matmul(h_pool_flat, w2) + b2)
 9:
10: w0 = tf.Variable(tf.zeros([num_units2, 10]))
11: b0 = tf.Variable(tf.zeros([10]))
12: p = tf.nn.softmax(tf.matmul(hidden2, w0) + b0)
```

この部分は、**[ODE-04]**（もしくは、「4.2.1 特徴変数による画像の分類」の **[OCE-05]**）と本質的に同じです。違いとしては、プーリング層から出力されるデータ数の総量が「14×14×フィルター数」になっている点と、全結合層のノード数（今の場合は1024個）とソフトマックス関数で分類する種類の数（今の場合は10種類）が異なります。オリジナルの画像は、28×28ピクセルのサイズを持っていますが、プーリング層で14×14ピクセルに縮小される点に注意してください。また、全結合層のノードからの出力における活性化関数は、「3.2.1 単層ニューラルネットワークを用いた多項分類器」の **[MSL-03]** と同様に、LeRUを用いています。

04

続いて、誤差関数**loss**、トレーニングアルゴリズム**train_step**、正解率**accuracy**を定義します。

[MDC-05]

```
1: t = tf.placeholder(tf.float32, [None, 10])
2: loss = -tf.reduce_sum(t * tf.log(p))
3: train_step = tf.train.AdamOptimizer(0.0005).minimize(loss)
4: correct_prediction = tf.equal(tf.argmax(p, 1), tf.argmax(t, 1))
5: accuracy = tf.reduce_mean(tf.cast(correct_prediction, tf.float32))
```

3行目で、トレーニングアルゴリズムtf.train.AdamOptimizerに対して、学習率の値

を0.0005に設定している点に注意してください。このトレーニングアルゴリズムは、学習率に相当するパラメーターを動的に調整するようになっていますが、複雑なネットワークに適用する場合は、全体的な学習率の値を明示的に指定した方がよいことがあります。ここで設定する値は、最適な値を試行錯誤で発見したものになります[*3]。

05

この後は、セッションを用意して、Variablesを初期化します。先ほど説明したように、tf.train.Saverオブジェクトもここで用意しておきます。

[MDC-06]

```
1: sess = tf.InteractiveSession()
2: sess.run(tf.initialize_all_variables())
3: saver = tf.train.Saver()
```

06

そしていよいよ、勾配降下法によるパラメーターの最適化処理を実施します。ここでは、1回あたり100個のデータを使用するミニバッチを用いて、全部で4000回の処理を繰り返します。100回ごとに、その時点でのテストセットに対する正解率を確認するとともに、tf.train.Saverオブジェクトを用いて、セッションの状態をファイルに保存します。

[MDC-07]

```
1: i = 0
2: for _ in range(4000):
3:     i += 1
4:     batch_xs, batch_ts = mnist.train.next_batch(100)
5:     sess.run(train_step, feed_dict={x: batch_xs, t: batch_ts})
6:     if i % 100 == 0:
7:         loss_val, acc_val = sess.run([loss, accuracy],
8:             feed_dict={x:mnist.test.images, t: mnist.test.labels})
9:         print ('Step: %d, Loss: %f, Accuracy: %f'
```

---

*3 デフォルトでは、0.001が指定されるようになっていますが、この例では、デフォルト値を使用するとパラメーターが発散して、トレーニングがうまく実行できません。そのため、デフォルトより小さい値を指定しています。

```
10:                % (i, loss_val, acc_val))
11:            saver.save(sess, 'mdc_session', global_step=i)
```
```
Step: 100, Loss: 2726.630615, Accuracy: 0.917900
Step: 200, Loss: 2016.798096, Accuracy: 0.943700
Step: 300, Loss: 1600.125977, Accuracy: 0.953200
Step: 400, Loss: 1449.618408, Accuracy: 0.955600
Step: 500, Loss: 1362.578125, Accuracy: 0.956200
…… 中略 ……
Step: 3600, Loss: 656.354309, Accuracy: 0.981400
Step: 3700, Loss: 671.281555, Accuracy: 0.981300
Step: 3800, Loss: 731.150269, Accuracy: 0.981000
Step: 3900, Loss: 708.207214, Accuracy: 0.982400
Step: 4000, Loss: 708.660156, Accuracy: 0.980400
```

これまでのコードと異なり、この処理は、実行に少しばかり時間がかかります。コーヒーでも飲みながら、最適化が進む様子を気長に観察してください。上記の結果からわかるように、最終的に、テストセットに対して約98％の正解率を達成しています。全結合層だけを用いた場合の正解率が約97％でしたので、わずかながら正解率が向上しています。

07

最後に、セッションの状態を保存したファイルが出力されていることを確認しておきます。

[MDC-08]

```
1: !ls mdc_session*
```
```
mdc_session-3600        mdc_session-3800        mdc_session-4000
mdc_session-3600.meta   mdc_session-3800.meta   mdc_session-4000.meta
mdc_session-3700        mdc_session-3900
mdc_session-3700.meta   mdc_session-3900.meta
```

この後の「4.3.3 動的に学習されたフィルターの確認」では、新しいノートブックを用いて、この処理で得られた畳み込みフィルターの様子を画像化して確認します。この

際、ファイル「**mdc_session-4000**」を用いて、セッションの状態を復元して、フィルターの値を取り出します。

08

　また、参考として、TensorBorad用のデータ出力処理を追加して、これと同じ内容を実装したコードをノートブック「Chapte04/MNIST dynamic filter classification with TensorBoard.ipynb」として用意してあります。TensorBoardの使い方は、「3.2.2 TensorBoard によるネットワークグラフの確認」で説明していますが、今の場合は、このノートブックを実行した後、Jupyterのコマンドターミナルから、次のコマンドでTensorBoardを起動します。

```
# tensorboard --logdir=/tmp/mnist_df_logs ⏎
```

09

　その後、Webブラウザーから、URL「http://<サーバーのIPアドレス>:6006」に接続すると、図4.16と図4.17の情報が確認できます。図4.16のネットワークグラフからは、入力データ（input）、畳み込みフィルター（convolution）、プーリング層（pooling）、全結合層（fully-connected）、ソフトマックス関数（softmax）が順番につながっていることが読み取れます。また、トレーニングアルゴリズム（optimizer）のブロックを開くと、畳み込みフィルター（convolution）からの情報が入力されていることがわかります。これは、畳み込みフィルターの値が最適化処理の対象になっているためです。

　一方、図4.17のグラフで正解率の変化を見ていると、もう少し最適化処理を繰り返せば、さらに正解率が上がる気がするかもしれません。しかしながら、実際には、これ以上処理を続けても正解率の向上は見られません。このニューラルネットワークでは、約98%の正解率が限界と思われます。

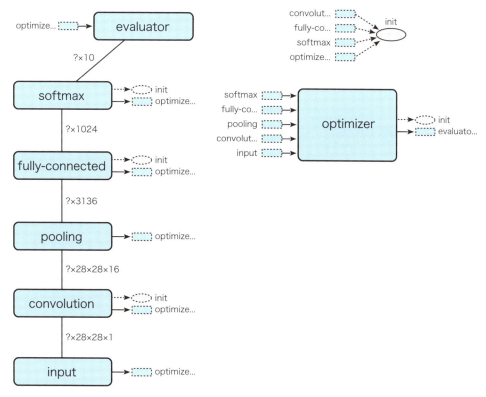

図4.16 TensorBoardで表示したネットワークグラフ

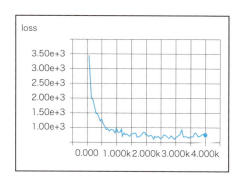

誤差関数の値の変化

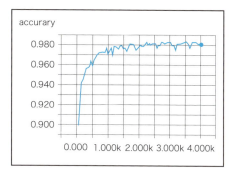

正解率の値の変化

図4.17 TensorBoardで表示した誤差関数と正解率の変化

4.3.3 動的に学習されたフィルターの確認

　MNISTの手書き文字データセットに単層CNNを適用することで、テストセットに対して約98%の正解率を達成しました。ここでは、16個の畳み込みフィルターを用意して、それぞれの内容を動的に学習したわけですが、最終的にどのようなフィルターが得られたのかを確認しておきます。対応するノートブックは、「Chapter04/MNIST dynamic filter result.ipynb」になります。

01

　はじめに、必要なモジュールをインポートして、各種の計算式を元の単層CNNと同様に定義しておきます。この部分は、今回は乱数のシードを設定する必要がない点を除いて、先ほどの [MDC-01]～[MDC-05] と同じ内容になります。その後、セッションを用意してVariableを初期化した後に、最適化処理を実施済みのセッションを復元します。

[MDR-06]

```
1: sess = tf.InteractiveSession()
2: sess.run(tf.initialize_all_variables())
3: saver = tf.train.Saver()
4: saver.restore(sess, 'mdc_session-4000')
```

　ここでは、[MDC-07] の中で、セッションの状態を保存したファイル「**mdc_session-4000**」を読み込むことで、Variableに設定された値を再現しています。このセッションを用いて、変数 **W_conv**、**h_conv**、**h_pool** を評価することで、畳み込みフィルターの値と、畳み込みフィルター、および、プーリング層をそれぞれ適用した画像データを取得することができます。ここでは、テストセットから最初の9個分の画像データをPlaceholderに格納して評価することで、これらに対応する出力画像を取得します。

[MDR-07]

```
1: filter_vals, conv_vals, pool_vals = sess.run(
2:     [W_conv, h_conv, h_pool], feed_dict={x:mnist.test.images[:9]})
```

02

ここで取得したデータを画像として表示します。はじめに、畳み込みフィルターのデータに加えて、各フィルターを適用した後の画像データを表示します。

[MDR-08]
```
 1: fig = plt.figure(figsize=(10,num_filters+1))
 2:
 3: for i in range(num_filters):
 4:     subplot = fig.add_subplot(num_filters+1, 10, 10*(i+1)+1)
 5:     subplot.set_xticks([])
 6:     subplot.set_yticks([])
 7:     subplot.imshow(filter_vals[:,:,0,i],
 8:                    cmap=plt.cm.gray_r, interpolation='nearest')
 9:
10: for i in range(9):
11:     subplot = fig.add_subplot(num_filters+1, 10, i+2)
12:     subplot.set_xticks([])
13:     subplot.set_yticks([])
14:     subplot.set_title('%d' % np.argmax(mnist.test.labels[i]))
15:     subplot.imshow(mnist.test.images[i].reshape((28,28)),
16:                    vmin=0, vmax=1,
17:                    cmap=plt.cm.gray_r, interpolation='nearest')
18:
19:     for f in range(num_filters):
20:         subplot = fig.add_subplot(num_filters+1, 10, 10*(f+1)+i+2)
21:         subplot.set_xticks([])
22:         subplot.set_yticks([])
23:         subplot.imshow(conv_vals[i,:,:,f],
24:                        cmap=plt.cm.gray_r, interpolation='nearest')
```

少し冗長なコードですが、基本的には、画像を表示しているだけで、特別なことは行っていません。これと同じコードを用いて、さらに、プーリング層を適用した後の画像データを表示することも可能です。変更部分だけを記載すると、下記になります。

[MDR-09]
```
23:         subplot.imshow(pool_vals[i,:,:,f],
24:                        cmap=plt.cm.gray_r, interpolation='nearest')
```

03

これらのコードを実行すると、図4.18、および、図4.19の結果が得られます。最上段がオリジナルの画像データで、その下に16種類のフィルターを適用した結果が表示されています。左端は、それぞれのフィルターを画像化して示したものです。フィルター適用後の画像において、背景が白になっていないのは、各ピクセルが負の値をとる場合があるためです。最小値の部分が白色で、値が大きくなると、色が濃くなっていきます。

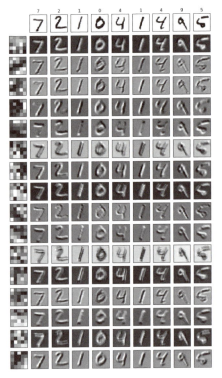

図4.18 畳み込みフィルターを適用した画像イメージ

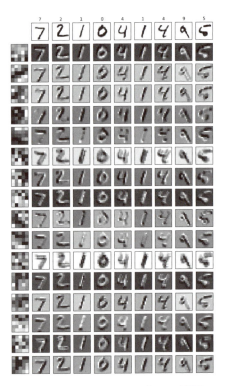

図4.19 畳み込みフィルターとプーリング層を適用した画像イメージ

それぞれのフィルターがどのような役割を果たしているかは、それほど明瞭ではありませんが、図4.18をよく見ると、特定方向のエッジを抽出するフィルターの存在などが確認できます。また、図4.19は、プーリング層で画像を縮小した結果になります。「3.2.1 単層ニューラルネットワークを用いた多項分類器」の図3.9のニューラルネットワークでは、最上段の画像データをそのまま隠れ層（全結合層）に入力しましたが、ここでは、その下にある16枚の画像データを全結合層に入力することになります。これら16種類のデータにより、元の画像データだけではわからなかった、新たな特徴がつかめるというわけです。

04

　最後にここで、今回得られたトレーニング結果について、追加の情報を確認しておきます。最終的な正解率が約98％ということですので、テストセットのデータ群において、正しく分類できなかったデータが存在するわけですが、それらは、どのぐらい「惜しい」間違いだったのでしょうか？ ── ここで用いたニューラルネットワークでは、最終的な出力は、ソフトマックス関数による確率 P_n の値になります。それらは、「0」～「9」のそれぞれの文字である確率を示しており、この確率が最大の文字を予測結果として採用しています。そこで、正しく分類できなかったいくつかのデータに対して、すべての文字に対する確率の値を確認してみましょう。

　先ほどのコードに続けて、次を実行します。これは、正しく分類できなかったデータを10個選び出して、各データに対して、「0」～「9」のそれぞれである確率を棒グラフに表示します。

[MDR-10]

```
 1: fig = plt.figure(figsize=(12,10))
 2: c=0
 3: for (image, label) in zip(mnist.test.images,
 4:                           mnist.test.labels):
 5:     p_val = sess.run(p, feed_dict={x:[image]})
 6:     pred = p_val[0]
 7:     prediction, actual = np.argmax(pred), np.argmax(label)
 8:     if prediction == actual:
 9:         continue
10:     subplot = fig.add_subplot(5,4,c*2+1)
11:     subplot.set_xticks([])
12:     subplot.set_yticks([])
13:     subplot.set_title('%d / %d' % (prediction, actual))
14:     subplot.imshow(image.reshape((28,28)), vmin=0, vmax=1,
15:                    cmap=plt.cm.gray_r, interpolation="nearest")
16:     subplot = fig.add_subplot(5,4,c*2+2)
17:     subplot.set_xticks(range(10))
18:     subplot.set_xlim(-0.5,9.5)
19:     subplot.set_ylim(0,1)
20:     subplot.bar(range(10), pred, align='center')
21:     c += 1
22:     if c == 10:
23:         break
```

5行目において、ソフトマックス関数の出力を表す計算値 **p** を評価することで、Placeholder **x** に格納したイメージに対して、「0」〜「9」のそれぞれの文字である確率を取得しています。これを実行すると、図4.20の結果が得られます。それぞれの画像の上の数字は、「予測/正解」を示しており、その右の棒グラフは、「0」〜「9」のそれぞれである確率を表します。この結果を見ると、左上の「5」の文字などは、「6」である確率に次いで、「5」である確率も示しており、それなりに「惜しい」結果だとわかります。

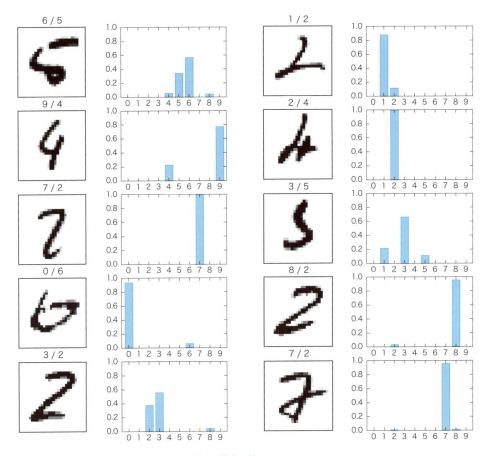

図4.20 正しく分類できなかったデータに対する確率の値

単純な文字認識アプリケーションであれば、確率が最大のもので予測するというのは、妥当な利用方法と言えるでしょう。しかしながら、分類結果を分析する上では、この例のように、すべての文字に対する確率を見ることで、新たな知見が得られることもあるでしょう。

Chapter 05
畳み込みフィルターの多層化による性能向上

第5章のはじめに

　本章では、いよいよ、第1章の冒頭で紹介した、CNN（畳み込みニューラルネットワーク）の全体を完成させます（図5.1）。前章では、「畳み込みフィルター→プーリング層→全結合層→ソフトマックス関数」という処理を積み重ねることによって、MNISTの手書き文字データセットについて、約98％の正解率を実現しました。ここからさらにもう一歩進んで、99％の正解率を達成することを目指して、畳み込みフィルターを多層化するという処理を加えていきます。これまでに説明していなかった、ドロップアウト層についても説明を行います。

　また、その他の話題として、CNNをカラー写真画像の分類に応用する方法、あるいは、ブラウザーの画面上でニューラルネットワークの動作原理を学ぶことができる「A Neural Network Playground」を紹介します。最後に、ニューラルネットワークにおける勾配ベクトルの計算方法である、「バックプロパゲーション」について、数学的な補足説明を加えます。

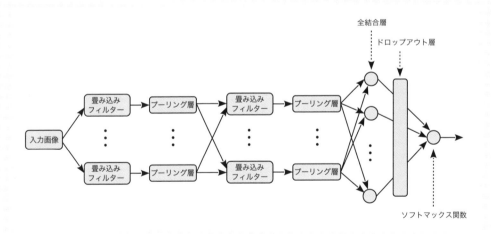

図5.1 完成したCNNの全体像

Chapter 5-1 畳み込みニューラルネットワークの完成

ここでは、畳込みフィルターを多層化した「完成版」のCNNを構成して、これをMNISTの手書き文字データセットの分類に適用します。また、トレーニング済みのCNNを利用して、ブラウザ上で入力した手書き文字を自動認識する簡単なアプリケーションを実装してみます。

5.1.1 多層型の畳み込みフィルターによる特徴抽出

「4.3.2 単層 CNN による手書き文字の分類」の図4.19を見るとわかるように、入力画像データに対して、畳み込みフィルターとプーリング層を適用することにより、フィルターの個数分の新たな画像データが得られます。この例では、オリジナルの画像データは、16枚の画像データに分解されたことになります。それぞれが、文字の種類を判別する上で必要となる、何らかの「特徴」を表すものと考えられます。

それでは、これらの画像に対して、さらにもう一度、畳み込みフィルターとプーリング層を適用すると何が起きるでしょうか。ここから、さらに新しい特徴が抽出されるという可能性はないでしょうか？ ── ある意味、素朴な発想ですが、これが畳み込みフィルターを多層化する目的に他なりません。前章でも見たように、フィルターの構造そのものをトレーニングで最適化していくため、どのような特徴を抽出するべきかを事前に考える必要はありません。まずは、トレーニングセットのデータを用いて最適化を行い、テストセットに対する正解率がどこまで向上するかを見ながら、フィルターの数や大きさをチューニングしていくというアプローチが可能です。

本章では、畳み込みフィルターとプーリング層を2段に重ねたCNNを実際に構成して、TensorFlowによる最適化処理を実施することで、どのような結果が得られるかを確認していきます。ここでは、その準備として、2段階のフィルターが、画像データに対してどのように作用するのかを整理しておきます。また、パラメーターの最適化を効率的に実施する上で必要となる、CNNに特有のテクニックを補足しておきます。話を具体的にするために、1段目と2段目の畳み込みフィルターの数をそれぞれ、32個、および、64個として説明を進めます。

まず、図5.2は、1段目と2段目のフィルターの構成を示した図です。28×28ピクセル

の入力画像に、1段目の「畳み込みフィルター＋プーリング層」を適用すると、32個の14×14ピクセルの画像データが出力されます。「4.1.2 TensorFlowによる畳み込みフィルターの適用」の説明を思い出すと、1段目のフィルター群は、TensorFlowのコードでは、「フィルターサイズ（縦×横）×入力レイヤー数×出力レイヤー数」＝「5×5×1×32」という多次元リストで表現されます。

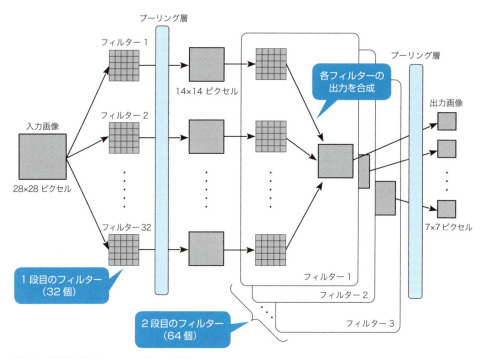

図5.2 2段階の畳み込みフィルターの構成

　そして、2段目のフィルターを適用する際は、この32個の画像データを「32個のレイヤーからなる1つの画像データ」と考えます。同じく、「4.1.2 TensorFlow による畳み込みフィルターの適用」の図4.7に示したように、複数のレイヤーを持つ画像データにフィルターを適用する際は、それぞれのレイヤーに対して異なるフィルターを適用した結果を合成します。今の例で言うと、64個ある2段目のフィルターは、それぞれが内部的に32個のフィルターを持っていることになります。これら2段目のフィルター群は、TensorFlowのコードでは、「フィルターサイズ（縦×横）×入力レイヤー数×出力レイヤー数」＝「5×5×32×64」という多次元リストで表現されることになります。最終的に、2段目の「畳み込みフィルター＋プーリング層」からは、64個の7×7ピクセルの画像データが出力されることになります。

　次に、パラメーターの最適化を効率的に実施するためのテクニックですが、これには、

次の3つがあります。

① フィルター適用後の画像データに活性化関数ReLUを適用する
② パラメーター（Variable）の初期値に0を用いない
③ オーバーフィッティングを避けるためにドロップアウト層を入れる

この後、「5.1.2 TensorFlowによる多層CNNの実装」で説明するノートブック「Chapter05/MNIST double layer CNN classification.ipynb」では、これらのテクニックを適用したコードを利用しています。ここでは、これらのポイントに対応する部分を先に説明しておきます。

まず、①は、次のような処理になります。「4.2.1 特徴変数による画像の分類」において、フィルターによって抽出された特徴をより強調するために、0.2以下のピクセル値を強制的に0にしました。具体的には、下記のコードの7行目にあるように、関数ReLUを適用することで、0.2以下の値をカットしました。

[OCE-04]

```
4: W_conv = tf.Variable(tf.truncated_normal([5,5,1,2], stddev=0.1))
5: h_conv = tf.abs(tf.nn.conv2d(x_image, W_conv,
6:                              strides=[1,1,1,1], padding='SAME'))
7: h_conv_cutoff = tf.nn.relu(h_conv-0.2)
```

この例では、しきい値として0.2を設定していますが、一般には、どのような値が適切かを判断するのは困難です。そこで、この後で使用するコードでは、しきい値そのものも最適化対象のパラメーターとして設定します。具体的には、次のようなコードになります。

[CNN-03]

```
 6: W_conv1 = tf.Variable(tf.truncated_normal([5,5,1,num_filters1],
 7:                                           stddev=0.1))
 8: h_conv1 = tf.nn.conv2d(x_image, W_conv1,
 9:                        strides=[1,1,1,1], padding='SAME')
10:
11: b_conv1 = tf.Variable(tf.constant(0.1, shape=[num_filters1]))
12: h_conv1_cutoff = tf.nn.relu(h_conv1 + b_conv1)
```

11行目において、しきい値に対応するVariableとして**b_conv1**を用意して、その後、12行目で関数ReLUを適用しています。今の場合、畳み込みフィルターを適用した後に、関数tf.absで絶対値をとるという操作はしていないので、フィルター適用後のピクセル値は負になることもあります。したがって、図5.3のように、負の値を含めて、ピクセル値が**-b_conv1**以下の部分をカットする効果があります。これにより、畳み込みフィルターからの出力において、ある一定値以上の部分だけが、意味のある情報として次のノードに伝達していきます。

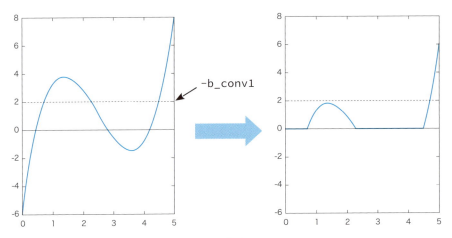

図5.3　活性化関数ReLUでピクセル値をカットする効果

　また、この例では、11行目で**b_conv1**を定義する際に、定数値を用意する関数tf.constantを利用して、初期値として0.1を設定しています。tf.constantは、**shape**オプションで指定された形式の多次元リストを用意して、すべての要素に同じ値を設定する関数です。これまで、1次関数の定数項などは、tf.zerosを利用して初期値に0を設定していましたが、ここでは、0から少しだけ異なる値を設定しています。

　これは、先ほどの②に相当するテクニックです。フィルターの初期値を乱数を用いて設定するのと同じ理由で、あえて0から値をずらしておくことで、誤差関数の停留値を避けて、最適化処理を効率的に進めることが可能になります。

　最後に、③のドロップアウト層は、全結合層のノード群とソフトマックス関数の間に位置するもので、少し特別な役割を持ちます。確率的勾配降下法では、誤差関数を計算して、その値が小さくなる方向にパラメーターを修正しました。この時、全結合層のノード群とソフトマックス関数の間の接続を一定の割合で、ランダムに切断した状態で、誤差関数とその勾配ベクトルの計算を行います（図5.4）。これでは、誤差関数の値が正しく計算されず、最適化処理がうまく行われないような気がしますが、これがまさ

にドロップアウト層の役割です。

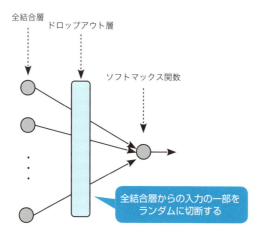

図5.4 ドロップアウト層の動作

「2.1.3 テストセットを用いた検証」で説明したように、トレーニングセットのデータだけが持つ特徴に対して過剰な最適化が行われると、テストセットに対する正解率が向上しなくなることがあります。特に、CNNのように、多数のパラメーターを持つネットワークでは、このようなオーバーフィッティングの現象が発生しやすくなります。ドロップアウト層は、誤差関数を計算する際に、全結合層の一部のノードを切断することで、オーバーフィッティングを回避する効果があることが知られています。

ドロップアウト層を適用する具体的なコードは、次のようになります。

[CNN-05]

```
 6: w2 = tf.Variable(tf.truncated_normal([num_units1, num_units2]))
 7: b2 = tf.Variable(tf.constant(0.1, shape=[num_units2]))
 8: hidden2 = tf.nn.relu(tf.matmul(h_pool2_flat, w2) + b2)
 9:
10: keep_prob = tf.placeholder(tf.float32)
11: hidden2_drop = tf.nn.dropout(hidden2, keep_prob)
12:
13: w0 = tf.Variable(tf.zeros([num_units2, 10]))
14: b0 = tf.Variable(tf.zeros([10]))
15: p = tf.nn.softmax(tf.matmul(hidden2_drop, w0) + b0)
```

8行目の**hidden2**が全結合層からの出力になります。11行目のtf.nn.dropoutがドロップアウト層の処理を適用する関数で、引数**keep_prob**では、切断せずに残してお

くノードの割合を0〜1の実数値で指定します。10行目において、**keep_prob**を Placeholderとして用意しているので、セッション内で計算を行う際に、**feed_dict** オプションを介して値を設定することが可能です。

　この後の例では、パラメーターの最適化処理を行う際は、**keep_prob**には0.5を指定します。また、パラメーターの最適化が完了した後に、未知のデータに対する予測を行う際は、すべてのノードが接続された状態で計算を行うため、**keep_prob**には1.0を指定します。

　なお、ドロップアウト層では、ノードを切断する割合に応じて、ノードからの出力を大きくするという操作も行います。たとえば、半分のノードを切断した場合は、残りのノードからの出力を2倍にして伝達します。これにより、ソフトマックス関数に入力する値が、全体としては減少しないように調整が行われます。

5.1.2 TensorFlowによる多層CNNの実装

　それでは、「畳込みフィルター＋プーリング層」を2段に重ねた多層CNNをTensorFlowのコードで実装していきましょう。対応するノートブックは、「Chapter05/MNIST double layer CNN classification.ipynb」になります。なお、このコードを実行する際は、3GB以上の空きメモリーが必要となります。「3.2.2 TensorBoardによるネットワークグラフの確認」の最後に紹介した方法で、他のノートブックを実行中のカーネルを停止して、空きメモリーを確保しておいてください。

01

　はじめに、必要なモジュールをインポートして、乱数のシードを設定した上で、MNISTのデータセットを用意します。

[CNN-01]

```
1: import tensorflow as tf
2: import numpy as np
3: import matplotlib.pyplot as plt
4: from tensorflow.examples.tutorials.mnist import input_data
5:
6: np.random.seed(20160704)
7: tf.set_random_seed(20160704)
```

[CNN-02]

```
1: mnist = input_data.read_data_sets("/tmp/data/", one_hot=True)
```

02

続いて、図5.1の多層CNNを左から順に定義していきます。まずは、1段目の畳み込みフィルターとプーリング層を定義します。

[CNN-03]

```
 1: num_filters1 = 32
 2:
 3: x = tf.placeholder(tf.float32, [None, 784])
 4: x_image = tf.reshape(x, [-1,28,28,1])
 5:
 6: W_conv1 = tf.Variable(tf.truncated_normal([5,5,1,num_filters1],
 7:                                            stddev=0.1))
 8: h_conv1 = tf.nn.conv2d(x_image, W_conv1,
 9:                         strides=[1,1,1,1], padding='SAME')
10:
11: b_conv1 = tf.Variable(tf.constant(0.1, shape=[num_filters1]))
12: h_conv1_cutoff = tf.nn.relu(h_conv1 + b_conv1)
13:
14: h_pool1 = tf.nn.max_pool(h_conv1_cutoff, ksize=[1,2,2,1],
15:                           strides=[1,2,2,1], padding='SAME')
```

1行目の**num_filters1**には、1段目の畳み込みフィルターの個数を指定します。その他の部分は、本質的には、「4.3.2 単層CNNによる手書き文字の分類」の**[MDC-03]**と同じですが、11〜12行目において、ReLUを用いて、一定値より小さなピクセル値をカットする処理が追加されています。前述のように、カットする値を決定する**b_conv1**は、初期値を0.1に設定してあります。

03

続いて、2段目の畳み込みフィルターとプーリング層を定義します。

[CNN-04]

```
 1: num_filters2 = 64
 2:
 3: W_conv2 = tf.Variable(
 4:             tf.truncated_normal([5,5,num_filters1,num_filters2],
 5:                                 stddev=0.1))
 6: h_conv2 = tf.nn.conv2d(h_pool1, W_conv2,
 7:                        strides=[1,1,1,1], padding='SAME')
 8:
 9: b_conv2 = tf.Variable(tf.constant(0.1, shape=[num_filters2]))
10: h_conv2_cutoff = tf.nn.relu(h_conv2 + b_conv2)
11:
12: h_pool2 = tf.nn.max_pool(h_conv2_cutoff, ksize=[1,2,2,1],
13:                          strides=[1,2,2,1], padding='SAME')
```

1行目の**num_filters2**は、2段目の畳み込みフィルターの個数を指定します。図5.2に示したように、1つのフィルターは、内部的に32個のフィルターを持っているため、全体としては、32×64種類のフィルターが存在することになります。それぞれのフィルターは5×5のサイズで、3行目の**W_conv2**は、これらをまとめて格納する「5×5×32×64」の多次元リストを表す Variable です。9〜10行目は、先と同様に、一定値より小さなピクセル値をカットする処理になります。

04

次は、全結合層、ドロップアウト層、そして、ソフトマックス関数の定義です。

[CNN-05]

```
 1: h_pool2_flat = tf.reshape(h_pool2, [-1, 7*7*num_filters2])
 2:
 3: num_units1 = 7*7*num_filters2
 4: num_units2 = 1024
 5:
 6: w2 = tf.Variable(tf.truncated_normal([num_units1, num_units2]))
 7: b2 = tf.Variable(tf.constant(0.1, shape=[num_units2]))
 8: hidden2 = tf.nn.relu(tf.matmul(h_pool2_flat, w2) + b2)
 9:
10: keep_prob = tf.placeholder(tf.float32)
```

```
11: hidden2_drop = tf.nn.dropout(hidden2, keep_prob)
12:
13: w0 = tf.Variable(tf.zeros([num_units2, 10]))
14: b0 = tf.Variable(tf.zeros([10]))
15: p = tf.nn.softmax(tf.matmul(hidden2_drop, w0) + b0)
```

　この部分は、ドロップアウト層が追加された点を除けば、「4.3.2 単層CNNによる手書き文字の分類」の **[MDC-04]** と同じ構造になります。2段目のプーリング層からは、1つの入力画像に対して、7×7のサイズの画像データが全部で64個出力されます。したがって、全結合層に対しては、7×7×64個のデータが入力されます。3〜4行目の **num_units1** と **num_units2** は、それぞれ、全結合層に入力するデータ数と全結合層のノード数になります。10〜11行目がドロップアウト層の処理になります。

05

　最後に、誤差関数、トレーニングアルゴリズム、および、正解率を定義すれば、ネットワークの定義は完了です。

[CNN-06]

```
1: t = tf.placeholder(tf.float32, [None, 10])
2: loss = -tf.reduce_sum(t * tf.log(p))
3: train_step = tf.train.AdamOptimizer(0.0001).minimize(loss)
4: correct_prediction = tf.equal(tf.argmax(p, 1), tf.argmax(t, 1))
5: accuracy = tf.reduce_mean(tf.cast(correct_prediction, tf.float32))
```

　3行目では、トレーニングアルゴリズムtf.train.AdamOptimizerに対して、学習率の値を0.0001に設定しています。「4.3.2 単層CNNによる手書き文字の分類」の **[MDC-05]** では0.0005を設定しましたが、ここでは、さらに小さな値にしています。ネットワークが複雑になるほど、パラメーターの値をより高精度に最適化することが可能になりますが、その分だけ、学習率はより小さな値を設定する必要があります。

06

　この後は、セッションを用意して、パラメーターの最適化処理を行っていきます。まずは、セッションを用意して、Variableを初期化します。

[CNN-07]

```
1: sess = tf.InteractiveSession()
2: sess.run(tf.initialize_all_variables())
3: saver = tf.train.Saver()
```

最適化処理の実施中にセッションの状態を保存するために、3行目では、tf.train.Saverオブジェクトを取得しています。

07

続いて、1回あたり50個のデータを使用するミニバッチで、確率的勾配降下法によるパラメーターの最適化を繰り返していきます。ネットワークが複雑になると、1回あたりの最適化の計算に長く時間がかかるようになります。ここでは、計算時間が長くなり過ぎないように、1回あたりのデータ数をこれまでよりも少なくしています。全体で、20,000回の最適化処理を行います。

[CNN-08]

```
 1: i = 0
 2: for _ in range(20000):
 3:     i += 1
 4:     batch_xs, batch_ts = mnist.train.next_batch(50)
 5:     sess.run(train_step,
 6:              feed_dict={x:batch_xs, t:batch_ts, keep_prob:0.5})
 7:     if i % 500 == 0:
 8:         loss_vals, acc_vals = [], []
 9:         for c in range(4):
10:             start = len(mnist.test.labels) / 4 * c
11:             end = len(mnist.test.labels) / 4 * (c+1)
12:             loss_val, acc_val = sess.run([loss, accuracy],
13:                 feed_dict={x:mnist.test.images[start:end],
14:                            t:mnist.test.labels[start:end],
15:                            keep_prob:1.0})
16:             loss_vals.append(loss_val)
17:             acc_vals.append(acc_val)
18:         loss_val = np.sum(loss_vals)
19:         acc_val = np.mean(acc_vals)
20:         print ('Step: %d, Loss: %f, Accuracy: %f'
```

```
21:                     % (i, loss_val, acc_val))
22:          saver.save(sess, 'cnn_session', global_step=i)
```

```
Step: 500, Loss: 1539.889160, Accuracy: 0.955600
Step: 1000, Loss: 972.987549, Accuracy: 0.971700
Step: 1500, Loss: 789.961914, Accuracy: 0.974000
Step: 2000, Loss: 643.896973, Accuracy: 0.978400
Step: 2500, Loss: 602.963257, Accuracy: 0.980900
 …… 中略 ……
Step: 18000, Loss: 258.416321, Accuracy: 0.991200
Step: 18500, Loss: 285.394806, Accuracy: 0.990900
Step: 19000, Loss: 290.716187, Accuracy: 0.991000
Step: 19500, Loss: 272.024536, Accuracy: 0.991600
Step: 20000, Loss: 269.107880, Accuracy: 0.991800
```

5～6行目が1回の最適化処理を行う部分です。**feed_dict**オプションでは、ドロップアウト層の引数を格納するPlaceholderである**keep_prob**の値も指定しています。ここでは、0.5を指定して、全結合層からの出力の半分を切断するようにしています。

また、7～21行目では、最適化処理を500回行うごとに、その時点でのテストセットに対する正解率を確認しています。この時は、**keep_prob**に1.0を指定して、全結合層からの出力は切断しないようにしてあります。最後の22行目では、この時点でのセッションの状態をファイルに保存しています。

なお、これまで、テストセットに対する誤差関数と正解率を計算する際は、テストセットのすべてのデータをPlaceholderに格納して、計算値**loss**と**accuracy**の評価を行っていましたが、ここでは、テストセットのデータを分割して、4回に分けて評価を行っています。これは、メモリーの使用量を減らすためのもので、特に本質的なものでありません。ここで用いるニューラルネットワークでテストセットのすべてのデータを一度に評価すると、大量のメモリーが必要になるので、このようにしてあります。

20,000回の最適化処理が完了するまでには、全体で1時間以上はかかりますので、あせらずにじっくりと正解率の変化を観察してください。上記の結果からわかるように、最終的に、テストセットに対して約99％の正解率を達成しています。これまでの実行結果の中で、最高記録を達成することができました。

08

最後に、セッションの状態を保存したファイルが生成されていることを確認しておきます。

[CNN-09]

```
1: ! ls cnn_session*
```

```
cnn_session-18000        cnn_session-19000        cnn_session-20000
cnn_session-18000.meta   cnn_session-19000.meta   cnn_session-20000.meta
cnn_session-18500        cnn_session-19500
cnn_session-18500.meta   cnn_session-19500.meta
```

この後は、ファイル「`cnn_session-20000`」に保存されたトレーニング結果を用いて、新たな手書き文字データの分類を行うことができます。

5.1.3 手書き文字の自動認識アプリケーション

ここでは、先ほどのトレーニング結果を利用して、実際に、新しい手書き文字を自動認識するコードを作成してみましょう。対応するノートブックは、「Chapter05/Handwriting recognizer.ipynb」です。ここでは、Jupyterのノートブック上でコードを作成していますが、これと同じ処理をWebアプリケーションなどで実装することもそれほど難しくはないでしょう。

01

必要なモジュールをインポートして、図5.1のネットワークを定義する部分は、先ほどのコードと同じになりますので、セッションを用意する部分から解説を進めます。次は、セッションを用意してVariableを初期化した後、トレーニングを実施済みのセッションの状態を復元します。

[HWR-05]

```
1: sess = tf.InteractiveSession()
2: sess.run(tf.initialize_all_variables())
3: saver = tf.train.Saver()
4: saver.restore(sess, 'cnn_session-20000')
```

02

続いて、手書き文字を入力するためのJavaScriptのコードを用意します。Jupyterのノートブックには、JavaScriptを実行する機能があるので、これを利用しています。はじめに、HTMLフォームとJavaScriptのコードを変数**input_form**と**javascript**に、文字列として格納しておきます。

[HWR-06]

```
 1: input_form = """
 2: <table>
 3: <td style="border-style: none;">
 4: <div style="border: solid 2px #666; width: 143px; height: 144px;">
 5: <canvas width="140" height="140"></canvas>
 6: </td>
 7: <td style="border-style: none;">
 8: <button onclick="clear_value()">Clear</button>
 9: </td>
10: </table>
11: """
12:
13: javascript = """
14: <script type="text/Javascript">
15:     var pixels = [];
16:     for (var i = 0; i < 28*28; i++) pixels[i] = 0
17:     var click = 0;
18:
19:     var canvas = document.querySelector("canvas");
20:     canvas.addEventListener("mousemove", function(e){
21:         if (e.buttons == 1) {
22:             click = 1;
23:             canvas.getContext("2d").fillStyle = "rgb(0,0,0)";
```

```
24:            canvas.getContext("2d").fillRect(e.offsetX, e.offsetY, 8, 8);
25:            x = Math.floor(e.offsetY * 0.2)
26:            y = Math.floor(e.offsetX * 0.2) + 1
27:            for (var dy = 0; dy < 2; dy++){
28:                for (var dx = 0; dx < 2; dx++){
29:                    if ((x + dx < 28) && (y + dy < 28)){
30:                        pixels[(y+dy)+(x+dx)*28] = 1
31:                    }
32:                }
33:            }
34:        } else {
35:            if (click == 1) set_value()
36:            click = 0;
37:        }
38:    });
39:
40:    function set_value(){
41:        var result = ""
42:        for (var i = 0; i < 28*28; i++) result += pixels[i] + ","
43:        var kernel = IPython.notebook.kernel;
44:        kernel.execute("image = [" + result + "]");
45:    }
46:
47:    function clear_value(){
48:        canvas.getContext("2d").fillStyle = "rgb(255,255,255)";
49:        canvas.getContext("2d").fillRect(0, 0, 140, 140);
50:        for (var i = 0; i < 28*28; i++) pixels[i] = 0
51:    }
52: </script>
53: """
```

03

用意したHTMLフォームとJavaScriptを次のコマンドで実行します。

[HWR-07]

```
1: from IPython.display import HTML
2: HTML(input_form + javascript)
```

04

この時、図5.5の左のフォームが表示されるので、マウスを使って好きな数字を手書きすると、28×28=784ピクセルの画像データ（モノクロ2階調）が1次元リストとして、変数**image**に保存されます。また、「Clear」ボタンを押すと、画像を初期化することができます。

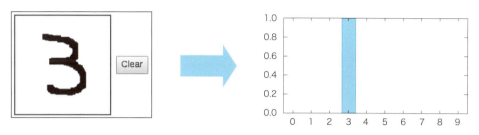

図5.5 手書きの数字を認識する様子

05

変数**image**の画像データをCNNに入力して、「0」〜「9」のそれぞれの数字である確率を計算します。

[HWR-08]

```
1: p_val = sess.run(p, feed_dict={x:[image], keep_prob:1.0})
2:
3: fig = plt.figure(figsize=(4,2))
4: pred = p_val[0]
5: subplot = fig.add_subplot(1,1,1)
6: subplot.set_xticks(range(10))
7: subplot.set_xlim(-0.5,9.5)
8: subplot.set_ylim(0,1)
9: subplot.bar(range(10), pred, align='center')
```

1行目では、**feed_dict**オプションで、Placeholder **x**に変数**image**の内容を格納した状態で、ソフトマックス関数の出力**p**を評価しています。3〜9行目は、図5.5の右のように、得られた結果を棒グラフに表示します。この例では、正確に「3」の文字が識別されていることがわかります。先ほどのフォームに異なる文字を書いて、再度、[HWR-08]を実行すると、新しい結果が得られます。

06

最後に、ここで入力した画像データが、1段目と2段目のフィルターによって、どのように変化しているのかを確認してみましょう。次は、1段目のフィルターを通過した画像データを表示します。

[HWR-09]

```
 1: conv1_vals, cutoff1_vals = sess.run(
 2:     [h_conv1, h_conv1_cutoff], feed_dict={x:[image], keep_prob:1.0})
 3:
 4: fig = plt.figure(figsize=(16,4))
 5:
 6: for f in range(num_filters1):
 7:     subplot = fig.add_subplot(4, 16, f+1)
 8:     subplot.set_xticks([])
 9:     subplot.set_yticks([])
10:     subplot.imshow(conv1_vals[0,:,:,f],
11:                    cmap=plt.cm.gray_r, interpolation='nearest')
12:
13: for f in range(num_filters1):
14:     subplot = fig.add_subplot(4, 16, num_filters1+f+1)
15:     subplot.set_xticks([])
16:     subplot.set_yticks([])
17:     subplot.imshow(cutoff1_vals[0,:,:,f],
18:                    cmap=plt.cm.gray_r, interpolation='nearest')
```

1〜2行目では、先ほどと同様に、Placeholder **x**に変数**image**の内容を格納した状態で、1段目のフィルターを適用した結果を表す**h_conv1**と**h_conv1_cutoff**を評価しています。それぞれ、活性化関数ReLUで一定値より小さなピクセル値をカットする前後のデータになります。6〜18行目ではそれぞれのデータを画像として表示しており、図5.6のような結果が得られます。32種類のフィルターに対応して、それぞれ32種類の画像が表示されています。

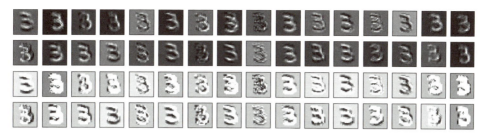

図5.6 1段目のフィルターを適用した画像データ

07

同様に、次は、2段目のフィルターを通過した画像データを表示します。

[HWR-10]

```
 1: conv2_vals, cutoff2_vals = sess.run(
 2:     [h_conv2, h_conv2_cutoff], feed_dict={x:[image], keep_prob:1.0})
 3: 
 4: fig = plt.figure(figsize=(16,8))
 5: 
 6: for f in range(num_filters2):
 7:     subplot = fig.add_subplot(8, 16, f+1)
 8:     subplot.set_xticks([])
 9:     subplot.set_yticks([])
10:     subplot.imshow(conv2_vals[0,:,:,f],
11:                    cmap=plt.cm.gray_r, interpolation='nearest')
12: 
13: for f in range(num_filters2):
14:     subplot = fig.add_subplot(8, 16, num_filters2+f+1)
15:     subplot.set_xticks([])
16:     subplot.set_yticks([])
17:     subplot.imshow(cutoff2_vals[0,:,:,f],
18:                    cmap=plt.cm.gray_r, interpolation='nearest')
```

1〜2行目では、2段目のフィルターを適用した結果を表す**h_conv2**と**h_conv2_cutoff**を評価しています。それぞれ、一定値より小さなピクセル値をカットする前後のデータになります。6〜18行目ではそれぞれのデータを画像として表示しており、図5.7のような結果が得られます。64種類のフィルターに対応して、それぞれ64種類の画像が表示されています。

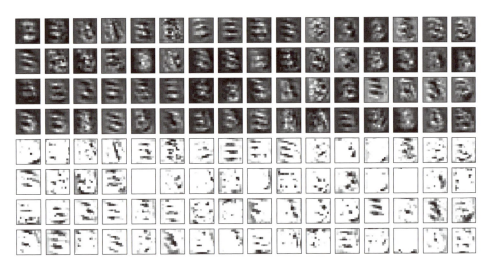

図5.7 2段目のフィルターを適用した画像データ

　図5.7の下段にある、64個の画像データにプーリング層を適用したものが、最終的に、全結合層に入力されることになります。特定方向のエッジなど、さまざまな特徴が抽出されており、これらに基づいて文字の種類が判別されることになります。──とは言え、この図だけを見ていると、なぜこれで99％もの精度で分類できるのか、不思議な気持ちになるかも知れません。実際のところ、これらがどのような特徴を表しているのかは、まだよくわかっていない部分もあります。人間が気づかない隠された特徴を抽出する、ディープラーニングの面白さが感じられる結果かもしれません。

　これで、本書のメインテーマである、手書き文字を分類するCNNの構成が完了しました。CNNの仕組みを理解して、TensorFlowのコードとして実装するという、当初の目標が達成できたことになります。ここでもう一度、本章の冒頭にある図5.1を振り返りながら、それぞれのパーツの役割を再確認しておいてください。はじめてこの図を見た時は、まったく意味がわからなかったものが、今では、実感を持って理解できるようになったのではないでしょうか。

　「ディープラーニング」は、決して魔法のような仕組みではなく、ある意味においては、素朴な理屈でできていることがわかったものと思います。裏を返すと、素朴な理屈でありながら、大量のデータを投入して、大量のパラメーターを最適化することで、驚くほど高精度な結果が得られる点が、ディープラーニングの奥深いところでもあるわけです。

Chapter 5-2 その他の話題

ここでは、本書のメインテーマであるCNNとTensorFlowをより深く理解する、あるいは、直感的な理解を得るために役立つ、いくつかの追加の話題を紹介します。

5.2.1 CIFAR-10（カラー写真画像）の分類に向けた拡張

本章では、多層型のCNNを用いて、MNISTデータセットと呼ばれる、グレースケールの画像データを分類することに成功しました。ここで構成したCNNは、TensorFlowの公式Webサイトにある「TensorFlow Tutorials」において、「Deep MNIST for Experts」として紹介されているものになります[1]。このチュートリアルでは、次のステップとして、カラー写真の画像データに同じ手法を適用する方法が紹介されています[2]。

具体的には、「CIFAR-10」と呼ばれる32×32ピクセルのカラー写真の画像データを用いて、これらを「飛行機、自動車、鳥、猫、鹿、犬、蛙、馬、船、トラック」という10種類のカテゴリーに分類する処理を実現します（図5.8）。これは、取り扱う画像データがカラーになった点を除けば、本質的には、MNISTデータセットと同じ仕組みで分類することが可能です。チュートリアルの中では、図5.9のようなCNNを用いて分類処理を実現しています。

図5.9のCNNは、「正規化層」と呼ばれる処理が追加されている点と、最後の全結合層が2層になっている点がこれまでと異なります。「正規化層」は、ピクセル値が極端に大きくならないように、ピクセル値の範囲を圧縮するような効果があります。また、1段目の畳み込みフィルターは、「4.1.2 TensorFlowによる畳み込みフィルターの適用」の図4.7のように、カラー画像に対応した形になっています。64個あるフィルターのそれぞれが、内部的には、RGBに対応した3種類のフィルターを持っています。ここから得られた64種類の画像データが、さらに、2段目の64個のフィルターで処理されます。

---

[1] Deep MNIST for Experts
https://www.tensorflow.org/versions/r0.9/tutorials/mnist/pros/index.html#deep-mnist-for-experts

[2] Convolutional Neural Networks
https://www.tensorflow.org/versions/r0.9/tutorials/deep_cnn/index.html#convolutional-neural-networks

図5.8 CIFAR-10のデータセット（一部）

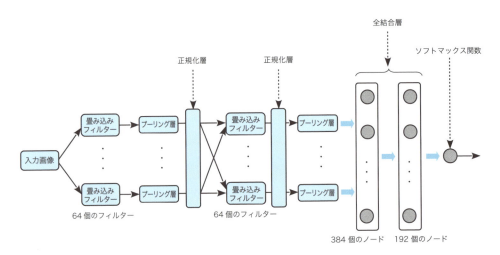

図5.9 CIFAR-10のデータセットを分類するCNNの構成

　その他には、ドロップアウト層がないという違いもあります。グレースケールの手書き文字（数字）に比べて、取り扱うデータが複雑になっているため、オーバーフィッティングが起こりにくく、ドロップアウト層は不要という判断だと思われます。

　そして、MNISTデータセットの場合との最大の違いとして、画像データにいくつかの「前処理」を施すという点があります。CIFAR-10の画像データは、図5.8のような実

写画像のため、次のような点を考慮して特徴を抽出する必要があるためです。

- 識別対象以外の物体が周囲に写っている
- 識別対象が画像の中央にあるとは限らない
- 画像の明るさやコントラストが一定ではない

これらの問題に対応するために、与えられた画像をそのまま利用するのではなく、次のような処理を施した後に、CNNに入力するという手法を用いています。まず、トレーニングアルゴリズムによるパラメーターの最適化処理が終わった後に、実際の判定処理を行う際の入力画像については、次の前処理を行います。

(1) 画像の周囲を切り落とす
(2) 画像のダイナミックレンジを平準化する

(1) は、Croppingと呼ばれるもので、画像の中央にある物体のみを見て判定するための処理になります。チュートリアルの例では、32×32ピクセルの画像に対して、中央の24×24ピクセルの部分を切り出しています。

(2) は、Whiteningと呼ばれるもので、1つの画像データに含まれる各ピクセルの値の範囲を調整して、平均0、標準偏差1の範囲に収まるようにします。これは、画像データに含まれるピクセル値が、およそ±1の範囲に収まるという意味です。具体的には、RGBの各レイヤーについて、すべてのピクセル値 $\{x_i\}\,(i=1,\cdots,N)$ の平均 m と分散 s^2 を次式で計算します。

$$m = \frac{1}{N}\sum_{i=1}^{N} x_i,\ \ s^2 = \frac{1}{N}\sum_{i=1}^{N}(x_i - m)^2 \tag{5.1}$$

その後、各ピクセルの値を次式で置き換えます。

$$x_i \to \frac{x_i - m}{\sqrt{s^2}} \tag{5.2}$$

次に、トレーニングアルゴリズムを適用してパラメーターを最適化する際に、トレーニングデータとして入力する画像には、次のような前処理を行います。確率的勾配降下法を用いる場合、同じ画像データを何度も使用しますが、使用するごとに、次のような処理を施します。

（1）画像の周囲をランダムに切り落とす
（2）画像をランダムに左右反転する
（3）画像の明るさとコントラストをランダムに変更する
（4）画像のダイナミックレンジを平準化する

　（1）は、Random croppingと呼ばれるものです。先ほどの判定処理の際は、中央部分を切り出しますが、ここでは、ランダムな場所を中心として切り出します。ある物体が画像のどの部分にあったとしても、物体の種類の判定は変わらないはずです。このような事実をニューラルネットワークに「教える」ために、1枚の画像から、色々な場所を切り出した複数の画像を用意して、これらすべてに同じラベルを与えて、パラメーターの最適化処理を行います。

　（2）は、Random flippingと呼ばれます。（1）と同様に、物体が左右反転しても、物体の種類は変わらないはずです。左右を反転した画像にも同じラベルを与えることで、このような事実をニューラルネットワークに教えます。さらに、（3）についても、同様です。写真画像の場合は、状況によって画像の明るさやコントラストが変化しますが、物体の種類そのものは変わりません。この処理によって、さまざまな明るさやコントラストの画像について、正しく判定できるようになると期待ができます。最後の（4）は、判定処理の際と同じ、Whiteningの処理になります。これは、画像データに限らず、大量データの統計処理を行う際に一般的に用いられる、「データの正規化」と呼ばれる処理に相当します。

　以上のような前処理を施した画像データのサンプルは、図5.10のようになります。各行の左端がオリジナルの画像で、そのすぐ右が判定処理用の前処理を行ったもの、さらにその右に並んでいるものは、トレーニングデータ用にランダムな修正を施したものです[*1]。TensorFlowには、上記で説明した、画像の前処理を行う関数なども事前に用意されています。これらの機能を利用して、図5.8、および、図5.10の画像を表示するノートブックを「Chapter05/CIFAR-10 dataset samples.ipynb」として用意してありますので、参考にしてください。

---

*1　前処理を施したデータは、ピクセル値の範囲が通常の画像データの範囲から外れていますので、ここでは、値の範囲を再調整して画像化しています。

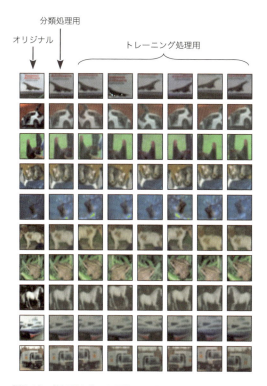

図5.10 前処理を施した画像データの例

　これらのテクニックを適用した結果、図5.9のCNNにより、テストセットに対して86%の正解率が実現されます。

5.2.2 「A Neural Network Playground」による直感的理解

　「A Neural Network Playground」（以下、Playground）は、2次元平面上のデータをニューラルネットワークで分類する様子をリアルタイムに観察できるWebアプリケーションです。JavaScriptを用いて実装されており、Webブラウザーから下記のURLにアクセスするだけで、すぐに試してみることができます。

- Neural Network Playground (http://playground.tensorflow.org/)

　Playgroundでは、図5.11のような画面上で、複数の隠れ層からなる多層ニューラルネットワークを構成することが可能です。2次元平面上のデータに対して、主に第3章で説明した二項分類器のアルゴリズムでデータの分類処理を行います。分類対象のデータ

は、図5.12のような事前に用意されたパターンから乱数を用いて生成します。

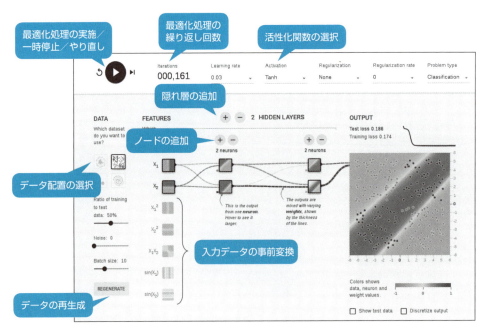

図5.11 「A Neural Network Playground」の操作画面

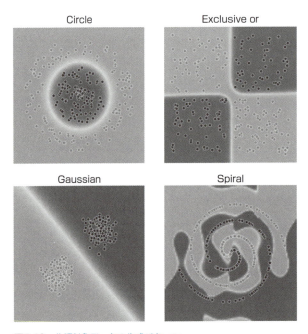

図5.12 分類対象データの生成パターン

例えば、図5.13は、「2.1.2 TensorFlowによる最尤推定の実施」の図2.9と同じものを再現した状態になります。データの座標(x_1, x_2)を「1次関数＋シグモイド関数」からなる出力層に与えることで、平面全体を直線で分割しています。

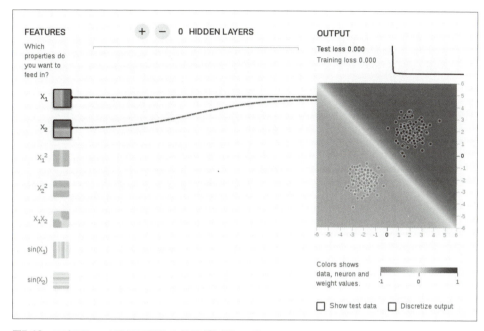

図5.13 ロジスティック回帰を再現した様子（「DATA」は左下の"Gaussian"を選択）

あるいは、図5.14は、「3.3.1 多層ニューラルネットワークの効果」の図3.18と同じものです。対角線上に配置されたデータを分類するには、図3.17のように出力層を拡張する必要がありましたが、これが正しく再現されていることがわかります。

なお、ブラウザーの画面上では、パラメーターの最適化処理が進む様子にあわせて、データ分割の状態が変化していきます。実際にこの構成を用意して実行すると、しばらくの間でたらめに分類されていたものが、あるタイミングで突然、正しい分類に変化します。これは、「3.3.3 補足:パラメーターが極小値に収束する例」の図3.25で説明したように、誤差関数の極小値のあたりをさまよっていたものが、あるタイミングで突然、最小値を見つけ出すという動きに対応します。トレーニングアルゴリズムによって、パラメーターの最適化処理が進む様子をビジュアルに確認することができるので、TensorFlowの仕組みを直感的に理解することができるでしょう。

ちなみに、この構成において、新しいデータを生成しながら何度か実行していると、図5.15のような状態に陥ることがあります。これは、パラメーターが極小値に収束してしまい、それ以上の最適化が進まなくなった状態で、「3.3.3 補足：パラメーターが極小

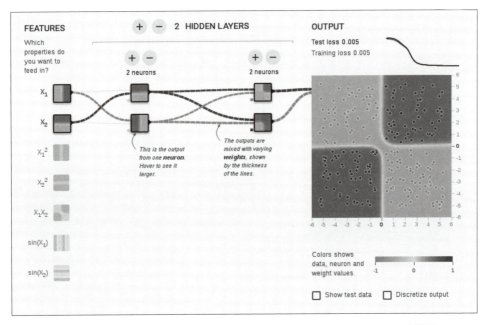

図5.14 隠れ層が2層のニューラルネットワークによる分類(「DATA」は右上の"Exclusive or"を選択)

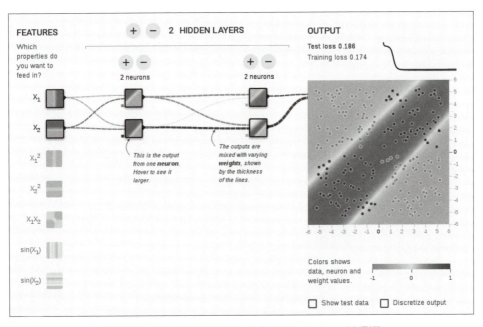

図5.15 パラメーターが極小値に収束した状態(「DATA」は右上の"Exclusive or"を選択)

値に収束する例」の図3.24に相当するものになります。

　それでは、このデータに対して、隠れ層が1層だけの単層ニューラルネットワークを適用すると、どのようになるでしょうか？　「3.3.1 多層ニューラルネットワークの効果」の冒頭で説明したように、このデータは、隠れ層のノードが2個の単層ニューラルネットワークでは、正しく分類することはできません。図5.16の実行結果から、このような事実も簡単に確認することができます。

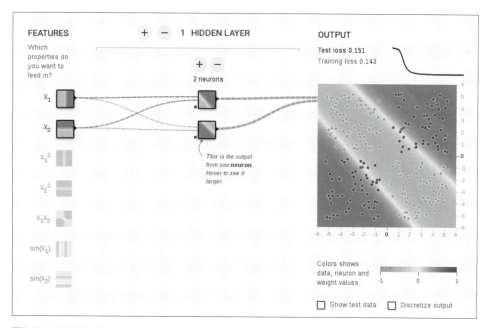

図5.16　隠れ層が１層のニューラルネットワークによる分類（「DATA」は右上の"Exclusive or"を選択）

　この他にもPlaygroundでは、先ほどの図5.12のようなパターンのデータを生成することができます。円形や渦巻き型のデータ配置について、隠れ層のノードをどのように用意すれば正しく分類できるのか、パズル感覚で試してみるのも面白いでしょう（図5.17）。図5.11に示したように、x_1^2や$\sin(x_1)$など、規定の関数を用いて入力データを事前に変換する機能もありますので、これらを組み合わせることも可能です。

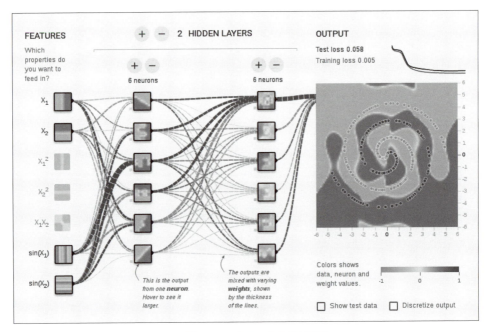

図5.17 渦巻き型のデータを分類する例（「DATA」は右下の"Spiral"を選択）

5.2.3 補足：バックプロパゲーションによる勾配ベクトルの計算

　これまでに何度か強調したように、TensorFlowには、勾配降下法によるパラメーターの最適化を自動的に実施する機能があります。「1.1.4 TensorFlowによるパラメーターの最適化」で説明したように、内部的には、誤差関数の勾配ベクトルを計算することで、誤差関数が小さくなる方向を見つけ出します。CNNのような複雑なニューラルネットワークに対して、勾配ベクトルを高速に計算するアルゴリズムがはじめから用意されている点が、TensorFlowの特徴の1つと言えるでしょう。

　ここでは、ニューラルネットワークにおける勾配ベクトルの計算方法について、数学が得意な方のために、理論的な観点から補足説明を行います。TensorFlow内部の計算アルゴリズムそのものを説明するのではなく、その数学的な基礎となる「バックプロパゲーション」を中心に説明を進めます。合成関数の微分など、微分計算に関する基本的な知識が前提となります[*2]。

---

*2　これは、あくまで、数学好きの方向けの補足説明です。この説明がわからなくても、TensorFlowを使いこなすことはできますので安心してください。

話を具体的にするために、図5.18に示した、2つの隠れ層を持つ多層ニューラルネットワークの例で考えます。これは、「3.3.1 多層ニューラルネットワークの効果」の図3.17において、入力データの変数の数と隠れ層のノードの数を増やして、一般化したものになります。このニューラルネットワークにおいて、勾配ベクトルを計算する方法を考えていきます。

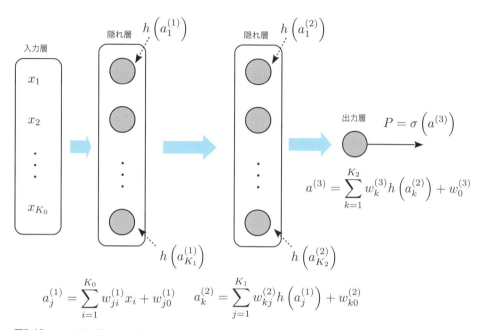

図5.18 2つの隠れ層を持つ多層ニューラルネットワーク

はじめに、計算の準備として、各種の変数を整理しておきます。まず、1層目の隠れ層のノードでは、入力データの1次関数が計算されます。この時、入力データを$(x_1, x_2, \cdots, x_{K_0})$として、1次関数を次のように表します。

$$a_j^{(1)} = \sum_{i=1}^{K_0} w_{ji}^{(1)} x_i + w_{j0}^{(1)} \ (j = 1, \cdots, K_1) \tag{5.3}$$

$a_j^{(1)}$を活性化関数$h(x)$に代入したものが、2層目の隠れ層に対する入力となります。そこで、2層目の1次関数を次のように表します。

$$a_k^{(2)} = \sum_{j=1}^{K_1} w_{kj}^{(2)} h\left(a_j^{(1)}\right) + w_{k0}^{(2)} \ (k = 1, \cdots, K_2) \tag{5.4}$$

5-2 その他の話題 227

活性化関数$h(x)$は、ハイパボリックタンジェントやReLUなどを用いるものと考えてください。$a_k^{(2)}$を活性化関数$h(x)$に代入したものが、出力層に対する入力となりますので、同様に、出力層の1次関数を次のように表します。

$$a^{(3)} = \sum_{k=1}^{K_2} w_k^{(3)} h\left(a_k^{(2)}\right) + w_0^{(3)} \tag{5.5}$$

$a^{(3)}$をシグモイド関数$\sigma(x)$に代入したものが、最終的な出力Pになります。

$$P = \sigma\left(a^{(3)}\right) \tag{5.6}$$

トレーニングセットのデータ群の中で、特にn番目のデータを入力データとしたものをP_nと表すと、誤差関数は、次のように計算されます。

$$E = -\sum_{n=1}^{N} \{t_n \log P_n + (1 - t_n) \log(1 - P_n)\} \tag{5.7}$$

これは、「2.1.1 確率を用いた誤差の評価」の (2.9) と同じもので、t_nは、n番目のデータの正解を表すラベルです。この時、(5.7)におけるn番目のデータからの寄与を取り出して、次のように表します。

$$E_n = -\{t_n \log P_n + (1 - t_n) \log(1 - P_n)\} \tag{5.8}$$

すると、誤差関数全体は、それぞれのデータからの寄与の和になります。

$$E = \sum_{n=1}^{N} E_n \tag{5.9}$$

勾配ベクトル∇Eは、偏微分で計算されるものですので、次の関係が成り立ちます。

$$\nabla E = \sum_{n=1}^{N} \nabla E_n \tag{5.10}$$

つまり、(5.8)に対する勾配ベクトル∇E_nが個別に計算できれば、(5.10)によって、誤差関数全体の勾配ベクトルが求められることになります。そこで、この後は、(5.3)〜(5.6)は、n番目のデータに対する計算式を表すものと考えて、次に対する勾配ベクトルを計算していきます。

$$E_n = -\{t_n \log P + (1 - t_n) \log(1 - P)\} \quad (5.11)$$

なお、ここで言う勾配ベクトルは、(5.11)を最適化対象のパラメーターの関数とみなして、それぞれのパラメーターで偏微分した結果を並べたベクトルです。今の場合、最適化対象のパラメーターには、次のものがあります。

- (5.3)に含まれるパラメーター：$w_{ji}^{(1)}, w_{j0}^{(1)}$
- (5.4)に含まれるパラメーター：$w_{kj}^{(2)}, w_{k0}^{(2)}$
- (5.5)に含まれるパラメーター：$w_k^{(3)}, w_0^{(3)}$

したがって、(5.11)をこれらのパラメーターで偏微分した結果が求まれば、勾配ベクトルが計算されたことになります。ただし、これらのパラメーターは、(5.3)〜(5.6)の関係式を通して、(5.11)に入ってくるので、関数同士の依存関係を考えならがら、合成関数の微分を実施する必要があります。

たとえば、(5.5)に含まれるパラメーター$w_k^{(3)}, w_0^{(3)}$は、(5.5)の$a^{(3)}$を通して、(5.11)に入るので、次の関係が成り立ちます。

$$\frac{\partial E_n}{\partial w_k^{(3)}} = \frac{\partial E_n}{\partial a^{(3)}} \frac{\partial a^{(3)}}{\partial w_k^{(3)}} \quad (5.12)$$

$$\frac{\partial E_n}{\partial w_0^{(3)}} = \frac{\partial E_n}{\partial a^{(3)}} \frac{\partial a^{(3)}}{\partial w_0^{(3)}} \quad (5.13)$$

ここで、(5.12)と(5.13)の右辺に共通の1つ目の偏微分を$\delta^{(3)}$という記号で表すと、これは次のように計算されます。

$$\delta^{(3)} := \frac{\partial E_n}{\partial a^{(3)}} = \frac{\partial E_n}{\partial P}\frac{\partial P}{\partial a^{(3)}} = -\left(\frac{t_n}{P} - \frac{1-t_n}{1-P}\right)\frac{\partial P}{\partial a^{(3)}}$$
$$= \frac{P - t_n}{P(1-P)}\frac{\partial P}{\partial a^{(3)}} = \frac{P - t_n}{P(1-P)}\sigma'\left(a^{(3)}\right) \tag{5.14}$$

シグモイド関数 $\sigma(x)$ の微分 $\sigma'(x)$ は、公式に従って計算することが可能ですので、これで、$\delta^{(3)}$ は具体的に計算可能になりました。一方、(5.12) と (5.13) の右辺の2つ目の偏微分は、(5.5) からすぐに計算できます。

$$\frac{\partial a^{(3)}}{\partial w_k^{(3)}} = h\left(a_k^{(2)}\right), \quad \frac{\partial a^{(3)}}{\partial w_0^{(3)}} = 1 \tag{5.15}$$

以上をまとめると、$w_k^{(3)}, w_0^{(3)}$ による偏微分は次のように計算されます。

$$\frac{\partial E_n}{\partial w_k^{(3)}} = \delta^{(3)} \times h\left(a_k^{(2)}\right), \quad \frac{\partial E_n}{\partial w_0^{(3)}} = \delta^{(3)} \tag{5.16}$$

続いて、(5.4) に含まれるパラメーター $w_{kj}^{(2)}, w_{k0}^{(2)}$ を考えると、これは、(5.4) の $a_k^{(2)}$ を通して、(5.11) に入ります。したがって、次の関係が成り立ちます。

$$\frac{\partial E_n}{\partial w_{kj}^{(2)}} = \frac{\partial E_n}{\partial a_k^{(2)}}\frac{\partial a_k^{(2)}}{\partial w_{kj}^{(2)}} \tag{5.17}$$

$$\frac{\partial E_n}{\partial w_{k0}^{(2)}} = \frac{\partial E_n}{\partial a_k^{(2)}}\frac{\partial a_k^{(2)}}{\partial w_{k0}^{(2)}} \tag{5.18}$$

ここで、(5.17) と (5.18) の右辺に共通の1つ目の偏微分を $\delta_k^{(2)}$ という記号で表すと、これは次のように計算されます。

$$\delta_k^{(2)} := \frac{\partial E_n}{\partial a_k^{(2)}} = \frac{\partial E_n}{\partial a^{(3)}}\frac{\partial a^{(3)}}{\partial a_k^{(2)}} = \delta^{(3)} \times w_k^{(3)} h'\left(a_k^{(2)}\right) \tag{5.19}$$

ここで、最後の変形では、$\delta^{(3)}$ の定義 (5.14) と、(5.5) の関係式を使用しました。

活性化関数$h(x)$の微分$h'(x)$は公式から計算できますので、これで、$\delta_k^{(2)}$は具体的に計算可能になりました。(5.17) と (5.18) の右辺の2つ目の偏微分は、(5.4) から計算できますので、その結果を代入して、最終的に次の関係が得られます。

$$\frac{\partial E_n}{\partial w_{kj}^{(2)}} = \delta_k^{(2)} \times h\left(a_j^{(1)}\right), \quad \frac{\partial E_n}{\partial w_{k0}^{(2)}} = \delta_k^{(2)} \tag{5.20}$$

これで、$w_{kj}^{(2)}, w_{k0}^{(2)}$ による偏微分が決まりました。最後に、(5.3) に含まれるパラメーター$w_{ji}^{(1)}, w_{j0}^{(1)}$を考えると、これは、(5.3) の$a_j^{(1)}$を通して、(5.11) に入るので、次の関係が成り立ちます。

$$\frac{\partial E_n}{\partial w_{ji}^{(1)}} = \frac{\partial E_n}{\partial a_j^{(1)}} \frac{\partial a_j^{(1)}}{\partial w_{ji}^{(1)}} \tag{5.21}$$

$$\frac{\partial E_n}{\partial w_{j0}^{(1)}} = \frac{\partial E_n}{\partial a_j^{(1)}} \frac{\partial a_j^{(1)}}{\partial w_{j0}^{(1)}} \tag{5.22}$$

(5.21) と (5.22) の右辺に共通の1つ目の偏微分を$\delta_j^{(1)}$という記号で表すと、これは次のように計算されます。

$$\delta_j^{(1)} := \frac{\partial E_n}{\partial a_j^{(1)}} = \sum_{k=1}^{K_2} \frac{\partial E_n}{\partial a_k^{(2)}} \frac{\partial a_k^{(2)}}{\partial a_j^{(1)}} = \sum_{k=1}^{K_2} \delta_k^{(2)} \times w_{kj}^{(2)} h'\left(a_j^{(1)}\right) \tag{5.23}$$

ここで、最後の変形では、$\delta_k^{(2)}$の定義 (5.19) と、(5.4) の関係式を使用しました。(5.21) と (5.22) の右辺の2つの偏微分は、(5.3) から計算できますので、その結果を代入して、最終的に次の関係が得られます。

$$\frac{\partial E_n}{\partial w_{ji}^{(1)}} = \delta_j^{(1)} \times x_i, \quad \frac{\partial E_n}{\partial w_{j0}^{(1)}} = \delta_j^{(1)} \tag{5.24}$$

これで、$w_{ji}^{(1)}, w_{j0}^{(1)}$による偏微分が決まりました。少し計算が長くなりましたが、公式としてまとめると、次の手順ですべてのパラメーターによる偏微分、すなわち、勾配ベクトルが計算できることになります。

まずはじめに、出力層のパラメーターによる偏微分を次式で計算します。

$$\delta^{(3)} := \frac{\partial E_n}{\partial a^{(3)}} = \frac{P - t_n}{P(1-P)} \sigma' \left(a^{(3)} \right) \tag{5.25}$$

$$\frac{\partial E_n}{\partial w_k^{(3)}} = \delta^{(3)} \times h\left(a_k^{(2)}\right), \frac{\partial E_n}{\partial w_0^{(3)}} = \delta^{(3)} \tag{5.26}$$

次に、この結果を用いて、2つめの隠れ層のパラメーターによる偏微分を次式で計算します。

$$\delta_k^{(2)} := \frac{\partial E_n}{\partial a_k^{(2)}} = \delta^{(3)} \times w_k^{(3)} h'\left(a_k^{(2)}\right) \tag{5.27}$$

$$\frac{\partial E_n}{\partial w_{kj}^{(2)}} = \delta_k^{(2)} \times h\left(a_j^{(1)}\right), \quad \frac{\partial E_n}{\partial w_{k0}^{(2)}} = \delta_k^{(2)} \tag{5.28}$$

最後に、さらにこの結果を用いて、1つ目の隠れ層のパラメーターによる偏微分を次式で計算します。

$$\delta_j^{(1)} := \frac{\partial E_n}{\partial a_j^{(1)}} = \sum_{k=1}^{K_2} \delta_k^{(2)} \times w_{kj}^{(2)} h'\left(a_j^{(1)}\right) \tag{5.29}$$

$$\frac{\partial E_n}{\partial w_{ji}^{(1)}} = \delta_j^{(1)} \times x_i, \quad \frac{\partial E_n}{\partial w_{j0}^{(1)}} = \delta_j^{(1)} \tag{5.30}$$

このように、誤差関数の偏微分を計算する際は、出力層から順番に入力層に向かって計算を進めていきます。通常のニューラルネットワークの計算は、入力層から出力層に向かって計算を進めるのに対して、逆方向の計算になることから、この計算方法は、誤差逆伝搬方（バックプロパゲーション）と呼ばれています。

以上の例からわかるように、複数の隠れ層を持つ複雑なニューラルネットワークであったとしても、バックプロパゲーションの手続きに従うことで、勾配ベクトルを計算

することが可能になります。TensorFlowの内部には、ニューラルネットワークの構成にあわせて、バックプロパゲーションに必要な計算式を自動的に用意する機能が実装されているのです。

　なお、(5.10) の関係式からもわかるように、トレーニングセットのデータが多数ある場合でも、個々のデータに対する勾配ベクトルを個別に計算して、最後に足し上げるという事ができます。TensorFlowでは、複数コアのサーバー上では、マルチスレッドによる並列計算を行うことで、複数のデータに対する勾配ベクトルの計算を並列に実行して、計算処理の高層化を図ります。また、本書では取り扱いませんでしたが、複数のサーバーで並列に計算する、並列分散処理の機能も用意されています[3]。

[3] Distributed TensorFlow
https://www.tensorflow.org/versions/r0.9/how_tos/distributed/index.html

> **コラム**
>
> ### MNISTの次は、notMNISTに挑戦！
>
> 　本章の中で、「TensorFlow Tutorials」では、MNISTデータセットの分類に続いて、CIFAR-10と呼ばれるカラー写真画像の分類処理を紹介していると説明しました。ただし、この処理を実際に実行するには、相応の計算リソース（計算時間）が必要となるため、それほど気軽に試すわけにはいきません。MNISTの次のステップとして、もう少し気軽に試せる例として、「notMNIST」と呼ばれるデータセットがあります[4]。
>
> 　これは、Yaroslav Bulatovという方が個人で作成・公開しているもので、「0」～「9」の数字の代わりに、「A」～「J」のアルファベットを集めたデータセットです。ただし、手書きの文字ではなく、無償利用可能なフォントの中から、図のようなユニークな字体のものを集めて作られています。―― はたして、これらの画像は、どの程度の精度で分類することができるのでしょうか？
>
> 　本章で完成させた2層CNNを適用したところ、テストセットに対して約94％の正解率となりました。筆者のBlogでは、このデータセットをTensorFlowから利用する方法を紹介しています[5]。興味のある方は、正解率のさらなる向上を目指して、モデルの改良に挑戦してはいかがでしょうか？
>
>
>
> [4] notMNIST dataset
> http://yaroslavvb.blogspot.jp/2011/09/notmnist-dataset.html
>
> [5] Using notMNIST dataset from TensorFlow
> http://enakai00.hatenablog.com/entry/2016/08/02/102917

Appendix

付録 A Mac OS XとWindowsでの環境準備方法

ここでは、Mac OS XとWindowsのDockerを利用して、本書のサンプルコードをローカルで実行できる環境を準備する方法を説明します。図A.1のように、PC上のDockerコンテナでJupyterを起動して、ローカルのWebブラウザーからアクセスして使用します。

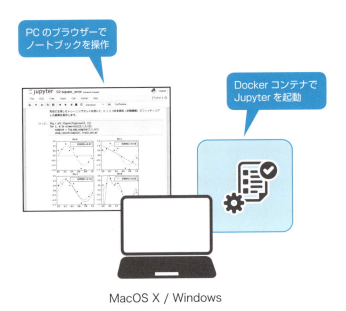

図A.1　ローカルのPCでJupyterを使用する様子

A-1 Mac OS Xの環境準備手順

本書執筆時点では、Mac OS X用のDockerが対応しているのは、Yosemite以降のバージョンになります。ここで紹介する手順は、El Capitanで動作確認をしています。はじめに、Dockerの公式Webサイト（https://www.docker.com）から、Mac OS X用のDockerをダウンロードします（図A.2）。「Getting Started with Docker」のリンクからダウンロードページを開いて、「Download Docker for Mac」をクリックすると、インストーラーファイル Docker.dmgがダウンロードできます。

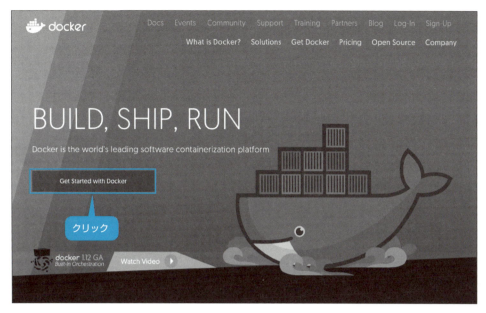

図A.2 Dockerの公式Webサイトで「Get Started with Docker」をクリック

　インストーラーファイルを開くと、図A.3の画面が表示されるので、左側のDockerアイコンを右側のApplicationsフォルダーにドラッグしてアプリケーションファイルをコピーした後、ApplicationsフォルダーからDockerを起動します。初回の起動時は、インストール処理のポップアップが表示されますので、指示にしたがって、インストールを完了させてください。

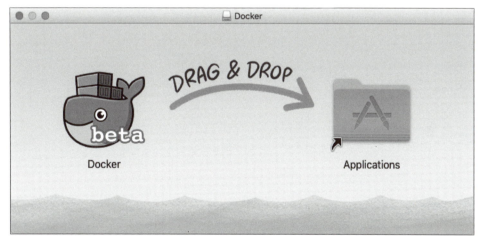

図A.3 アプリケーションファイルをコピーする画面

インストールが完了してDockerが起動すると、上部のメニューバーにクジラのアイコンが表示されます。ここからDockerの管理メニューを表示して、「Preferences」を選択した後、「Advanced」のタブから「Memory」を4GB以上に設定します（図A.4）。「CPUs」の指定は任意ですが、サンプルコードの実行時間が極端に長くならないよう、4以上に設定することをおすすめします。最後に「Apply advanced settings」を押して、設定変更を反映します。

図A.4　Dockerの管理メニューからメモリーとCPUを設定

　この後は、OS Xに付属のターミナルを開いて、下記のコマンドを実行すると、Docker Hubからイメージをダウンロードして、コンテナ上でJupyterが起動します（図A.5）。「\」はコマンドの途中で改行する際に、入力する記号です。

```
$ mkdir $HOME/data
$ docker run -itd --name jupyter -p 8888:8888 -p 6006:6006 \
    -v $HOME/data:/root/notebook -e PASSWORD=passw0rd \
    enakai00/jupyter_tensorflow:0.9.0-cp27
```

```
[ws10047:~ mynavi$ mkdir $HOME/data
[ws10047:~ mynavi$ docker run -itd --name jupyter -p 8888:8888 -p 6006:6006 \
> -v $HOME/data:/root/notebook -e PASSWORD=passw0rd \
> enakai00/jupyter_tensorflow:0.9.0-cp27
Unable to find image 'enakai00/jupyter_tensorflow:0.9.0-cp27' locally
0.9.0-cp27: Pulling from enakai00/jupyter_tensorflow

a3ed95caeb02: Pull complete
da71393503ec: Pull complete
bd182e7407b8: Pull complete
ab00e726fd5f: Pull complete
d59566bcc7c5: Pull complete
7dfa8a8cd0f3: Pull complete
edc3b8fc01e0: Pull complete
7f0730d44ae5: Pull complete
608ebba7c0a3: Pull complete
42d6024691cd: Pull complete
06c005696a9c: Pull complete
Digest: sha256:4a1f4f8af59e5a1de09d3a2f46670cc4e7e5302c49a9470fd988330c1972c8b9
Status: Downloaded newer image for enakai00/jupyter_tensorflow:0.9.0-cp27
6ce4726f6ae89a04e592a89baf64a1056d144b4dbebec1436daccdf5c96fd46b
```

図A.5 コマンドを実行したところ

「**-e PASSWORD**」オプションには、WebブラウザーからJupyterに接続する際の認証パスワードを指定します。この例では、「**passw0rd**」を指定しています。この後のDockerの操作方法は、CentOS 7の場合と同じですので、「1.2.1 CentOS 7での準備手順」の手順 05 以降を参考にしてください。なお、この手順でコンテナを起動した場合、Jupyterで作成したノートブックのファイルは、ユーザーのホームディレクトリー（/User/＜ユーザー名＞）の下にある「data」ディレクトリーに保存されます（図A.6）。

図A.6 ノートブックのファイルは「data」フォルダに保存される

WebブラウザーからJupyterに接続する際は、URL「http://localhost:8888」にアクセスします。また、第3章と第4章でTensorBoardを起動した際は、URL「http://localhost:6006」からTensorBoardの画面にアクセスしてください。なお、第4章と第5章のサンプルコードを実行する際は、余計なアプリケーションを停止して、十分な空きメモリーを確保するようにしてください。

A-2 Windows 10の環境準備手順

本書執筆時点では、Windows用のDockerが対応しているのは、64ビットのWindows10 Pro、Enterprise、Educationエディションです。ただし、「Docker Toolbox」という、Dockerと周辺ツールをまとめてインストールしてくれるパッケージを利用すれば、仮想化技術に対応した64ビットのWindows7、8（8.1）、10で利用できます。

Docker Toolboxには仮想化ソフトウェアのVirtual Boxが同梱されています。Virtual Boxで仮想マシンを用意し、その上でDockerを動かす仕組みです。以下ではDocker Toolboxを使う手順を説明します。

仮想化技術への対応を確認するには

お使いのWindowsが仮想化技術に対応しているかどうかは、以下の方法で確認できます。

- Windows 7
  Microsoftが提供しているチェックツールをインストールして確認
  https://www.microsoft.com/en-us/download/details.aspx?id=592

- Windows 8/8.1/10
  ［Ctrl］＋［Alt］＋［Delete］を押してタスクマネージャーを表示させ、もし上部にタブがなければ画面左下の［詳細］をクリックして表示します。上部の［パフォーマンス］タブをクリックし、画面下側の［仮想化］の項目が［有効］であれば利用できます。

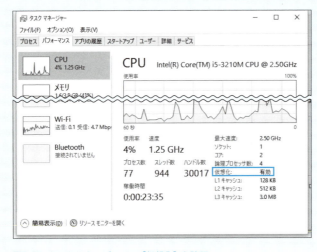

図A.7 タスクマネージャーで［仮想化］を確認

ここから紹介する手順は、Windows 10で動作確認をしています。

はじめに、Docker ToolboxのWebサイト（https://www.docker.com/products/docker-toolbox）から、Windows用のDockerをダウンロードします（図A.8）。「Download」をクリックすると、インストーラーファイル「DockerToolbox-1.12.0.exe」がダウンロードできます（ファイル末尾の番号は変更になる可能性があります）。

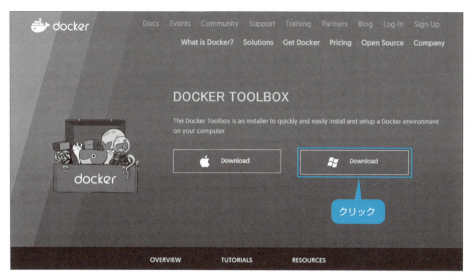

図A.8　Docker ToolboxのWebサイトで［ダウンロード］をクリック

ダウンロードしたファイルをダブルクリックして、インストーラーを実行します。ここで［ユーザーアカウント制御］の画面が表示された場合は、［はい］をクリックして進みます。図A.9の画面が表示されるので、インストール中の診断データをDocker社に送りたくない場合は画面のチェックボックスを外して、［Next］をクリックします。

図A.9　インストールの画面で［Next］をクリック

次の画面ではインストール先を選びます。変更したい場合は設定をして、[Next] をクリックします。次の図A.10の画面ではインストールするコンポーネントが表示されますので内容を確認して、[Next] をクリックします。

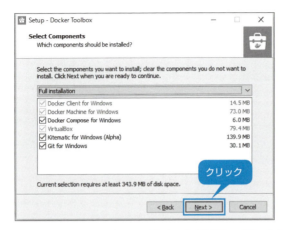

図A.10　インストールするコンポーネントを確認して[Next]をクリック

　インストール中に図A.11のような画面が出てきた場合（「名前」の部分が異なることもあります）、[インストール] を選択します。

図A.11　このような画面がでたら [インストール] をクリック

　そのまま画面にしたがって進めインストールが終了したら、プログラムメニューから [Docker→Docker Quickstart Terminal] を選んでDocker Quickstart Terminalを起動します。ターミナルが開き、いくつかメッセージが表示されます。途中で何度か [ユーザーアカウント制御] の画面が出ることもありますが [はい] をクリックします。最後に図A.12のような画面になったらOKです。「default」という名前の仮想マシンが起動している状態です。

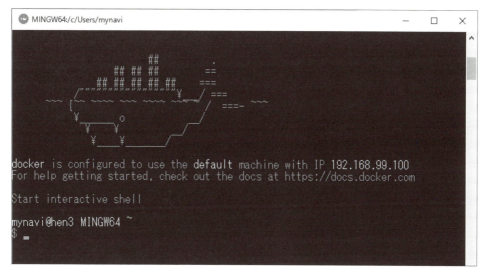

図A.12 Dockerの準備が整った状態

　次に、下記のコマンドを実行します。そうすると、Docker Hubからイメージをダウンロードして、コンテナ上でJupyterが起動します（図A.13）。「\」はコマンドの途中で改行する際に、入力する記号です。

```
$ mkdir $HOME/data ⏎
$ docker run -itd --name jupyter -p 8888:8888 -p 6006:6006 \ ⏎
    -v $HOME/data:/root/notebook -e PASSWORD=passw0rd \ ⏎
    enakai00/jupyter_tensorflow:0.9.0-cp27 ⏎
```

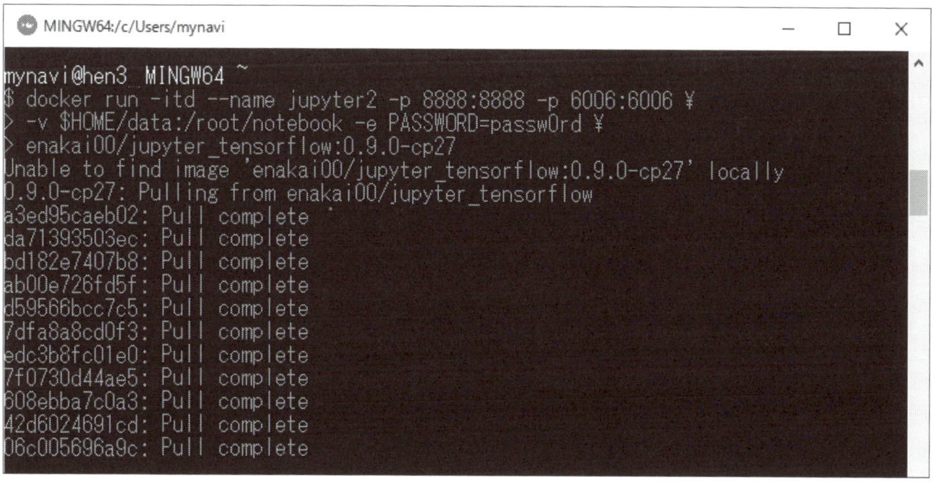

図A.13 コマンドを実行したところ

「`-e PASSWORD`」オプションには、Webブラウザーから Jupyter に接続する際の認証パスワードを指定します。この例では、「`passw0rd`」を指定しています。この後のDockerの操作方法は、CentOS 7の場合と同じですので、「1.2.1 CentOS 7での準備手順」の手順 05 以降を参考にしてください。なお、この手順でコンテナを起動した場合、Jupyterで作成したノートブックのファイルは、ユーザーのホームパス（/User/＜ユーザー名＞）の下にある「data」フォルダーに保存されます。

WebブラウザーからJupyterに接続する際は、URL「http://localhost:8888」にアクセスします（もしうまくいかない場合は、「docker-machine ip」と入力し、得られたIPアドレスをもとに「http://＜IPアドレス＞:8888」にアクセスしてみてください）。また、第3章と第4章でTensorBoardを起動した際は、URL「http://localhost:6006」もしくは「http://＜IPアドレス＞:6060」からTensorBoardの画面にアクセスしてください。

なお、準備が整ったら、Dockerで使用するメモリーを増やしておきましょう。一旦、以下のコマンドで仮想マシンを停止します。

```
# docker-machine stop default ⏎
```

続いてプログラムメニューから［Oracle Virtual Box］を起動します。左側で［default］を選び、上部の［設定］をクリックします（図A.14）。

画面の左側で［システム］を選び、右側の［マザーボード］のタブの［メインメモリー］のスライダーを動かして、4GB以上に設定しておきます（図A.15）。また、「プロセッサー」タブでは［プロセッサー数］が指定できます。設定は任意ですが、サンプルコードの実行時間が極端に長くならないよう、4以上に設定することをおすすめします。設定が終わったら［OK］をクリックして、Virtual Boxを終了します。

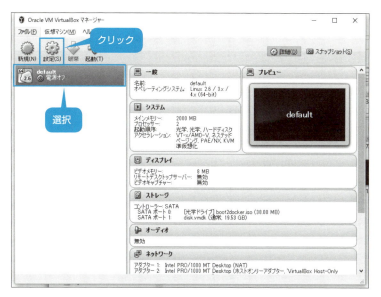

図A.14 「Oracle Virtual Box」で「設定」をクリック

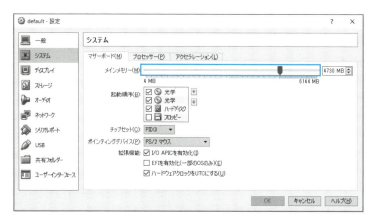

図A.15 スライダーをドラッグして設定

Dockerで作業を続ける場合は、下記のコマンドで仮想マシンを立ち上げなおします。

```
# docker-machine start default
```

付録 B　Python 2の基本文法

B-1　Hello, World!と型、演算

・Hello, World!

まずは、**print**文で文字列を表示する例です。文字列は、シングルクオート「**'**」、もしくは、ダブルクオート「**"**」でくくります。「**#**」を書くと、その行の「**#**」から右側はすべてコメントになります。なお、以下のコードにおいて、直線以降にあるものは出力結果です。

```
#「Hello, World!」を表示
print 'Hello, World!'
```

```
Hello, World!
```

・変数への代入と演算

変数には、任意の型の値を代入することができます。次は、整数を代入して足し算を行う例です。**print**文に複数の変数を「**,**」区切りで指定すると、改行なしに続けて表示します。

```
a = 10
b = 20
c = a + b
print a, b, c
```

```
10 20 30
```

・整数型と浮動小数点型

Pythonでは、整数型（int型）同士の計算と浮動小数点型（float型）を含む計算が厳密に区別されます。整数型同士の計算結果は、必ず整数になります。次の1つ目の例では、整数型同士の計算とみなされて、計算結果の小数点以下は切り捨てられます。

```
print 3/2
print 3/2.0
```

```
1
1.5
```

・演算子

主な四則演算子と代入演算子は、次のとおりです。

表B.1　四則演算子

演算子	意味	例（答え）
+	足し算	2+4 (6)
-	引き算	6-3 (3)
*	掛け算	3*3 (9)
/	割り算	9*4 (2.25)
%	割り算をした余り	9*4 (1)
**	累乗	2**3 (16)

表B.2　代入演算子

演算子	意味
+=	左辺に右辺を加えて代入
-=	左辺から右辺を引いて代入
*=	左辺に右辺を掛けて代入
/=	左辺を右辺で割って代入

B-2 文字列

・文字列の基本操作

複数行に渡る文字列を与える際は、「`'`」もしくは「`"`」を3つ並べた三重引用符を使用します。次のように、改行も文字列に含まれます。

```
html_text = '''
<html>
  <body>
  </body>
</html>
'''
print html_text
```

```
<html>
  <body>
  </body>
</html>
```

2つの文字列は「**+**」で連結します。

```
print 'TensorFlow' + 'の学習'
```
―――――――――――――――――――――――――――――――
```
TensorFlowの学習
```

文字列を部分的に取り出す場合は、添字（インデックス）を使います。添字は**[a:b]**の形で書き、先頭を0として、「**a**」から「**b**の1つ前」までの文字を取り出します。**a**もしくは**b**を省略すると、先頭から、もしくは、末尾までの全体になります。

```
string = 'TensorFlow'
print string[1:6]
print string[:6]
print string[6:]
```
―――――――――――――――――――――――――――――――
```
ensor
Tensor
Flow
```

- **文字列のフォーマット**

次は、文字列の中に変数の値を埋め込む例です。文字列中に**%d**,**%f**,**%s**などのフォーマット記号を指定して、その後ろに、「**%**」を付けて変数を指定します。フォーマット記号は、C言語のprintf文と同等です。最後の例のように、複数の変数を指定する際は、**()**でくくったタプルを用います。

```
a = 123
b = 3.14
c = 'Hello, World!'
```

```
print '整数 %d を表示' % a
print '浮動小数点 %f を表示' % b
print '文字列 %s を表示' % c
print '複数の変数 %d, %f, %s を表示' % (a, b, c)
```

```
整数 123 を表示
浮動小数点 3.140000 を表示
文字列 Hello, World! を表示
複数の変数 123, 3.140000, Hello, World! を表示
```

B-3 リストとディクショナリー

・リスト（配列）

リスト（配列）は、**[]** 内に複数の値を「**,**」区切りで並べて作成します。文字列と同様に、添字を用いて一部を取り出すことができます。値の追加、変更、削除なども可能です。次は、リストの一部を添字で取り出す例です。

```
a = [10, 20, 30, 40]
print a
print a[0]
print a[1:3]
```

```
[10, 20, 30, 40]
10
[20, 30]
```

次は、添字で指定した部分を変更する例です。

```
a = [10, 20, 30, 40]
a[0] = 15
print a
a[1:3] = [25, 35]
print a
```

```
[15, 20, 30, 40]
[15, 25, 35, 40]
```

次は、空のリストに値を追加していく例です。

```
a = []
a.append(10)
print a
a.append(20)
print a
```

```
[10]
[10, 20]
```

range関数を用いると、等差数列のリストが作成できます。**range(a，b，c)**は、**a**以上、**b**未満の値をステップ**c**で生成します。**c**を省略するとステップ1になります。さらに、**a**を省略すると0から開始します。

```
print range(10)
print range(1,7)
print range(1,10,2)
```

```
[0, 1, 2, 3, 4, 5, 6, 7, 8, 9]
[1, 2, 3, 4, 5, 6]
[1, 3, 5, 7, 9]
```

・ディクショナリー（辞書）

ディクショナリー（辞書）は、キーと値のペアーを保存します。値を取り出すときは、キーを指定します。次は、ディクショナリーを定義した後に、キーを指定して値を取り出す例です。

```
price = {'Apple': 250, 'Banana': 100, 'Melon': 5000}
print price['Apple']
```

```
250
```

次は、空のディクショナリーを定義した後に、キーを指定して、値を登録していく例です。

```
price = {}
price['Apple'] = 250
price['Banana'] = 100
print price
```

```
{'Apple': 250, 'Banana': 100}
```

B-4 制御構文

繰り返し処理

次は、リストの値を順番に変数に代入しながら、処理を繰り返す例です。繰り返し対象のブロックは、インデントによって示します。

```
for n in [1, 2, 3]:
    print n,     # 繰り返しの対象
    print n*10   # 繰り返しの対象
```

```
1 10
2 20
3 30
```

enumerate関数にリストを渡すと、各要素に0からの通し番号を振ることができます。次の例を参考にしてください。

```
for n, fruit in enumerate(['Apple', 'Banana', 'Melon']):
    print "%d: %s" % (n, fruit)
```

```
0: Apple
1: Banana
2: Melon
```

▪ **条件分岐**

if文による条件分岐は、次の書式で記述します。条件が真／偽の場合に実行するブロックは、インデントで示します。

```
if (条件):
    ＜条件が成立する場合の処理＞
else:
    ＜条件が成立しない場合の処理＞
```

複数の条件を指定する場合は、次のようになります。

```
if (条件1):
    ＜条件1が成立する場合の処理＞
elif (条件2):
    ＜(条件1が成立せず) 条件2が成立する場合の処理＞
else:
    ＜その他の場合の処理＞
```

while文は、条件が成立している間、ブロック内の処理を繰り返します。ブロック内では、**continue**（それ以降の処理を行わずに、ブロックの先頭に戻る）、および、**break**（強制的にループを抜ける）が使用できます。次は、1〜100の自然数において、3の倍数を除く、10の倍数を表示する例です。

```
i = 0
while (i<100):
    i += 1
    if i % 3 == 0:
        continue
    if i % 10 == 0:
        print i,
```

```
10 20 40 50 70 80 100
```

if文とwhile文の条件部分で使用する、主な比較演算子は次のとおりです。

表B.3 比較演算子

演算子	例	意味
==	a == b	aとbが等しい
!=	a != b	aとbが等しくない
>, <	a > b	aはbより大きい
>=, <=	a >= b	aはbと等しいか、bより大きい
or	a or b	aとbの少なくとも一方が成立する
and	a and b	aとbの両方が成立する
not	not a	aは成立しない

・**with構文**

with構文は、特別な前処理、および、後処理を自動実行する機能を提供します。たとえば、with構文を用いてファイルをオープンすると、ブロック終了時に自動的にクローズ処理が行われます。次は、バイナリーファイル「**datafile**」を読み込み専用モードでオープンする例です。

```
with open ('datafile', 'rb') as file:
    <変数 file を用いてファイルにアクセスする>
```

・**リストの内包表記**

次のように、for文によるループでリストを作成することがあります。

```
list1 = []
for x range(10):
    list1.append(x*2)

print list1
────────────────────────────────────
[0, 2, 4, 6, 8, 10, 12, 14, 16, 18]
```

このような処理は、「リストの内包表記」を用いると、次のように、1行にまとめて書くことができます。

```
list2 = [x*2 for x in range(10)]

print list2
```

```
[0, 2, 4, 6, 8, 10, 12, 14, 16, 18]
```

あるいは、2重のループで2次元のリストを作成する場合も同様です。次のlist3とlist4は、同じ内容になります。

```
list3 = []
for y in range(1,4):
    list_in = []
    for x in range(1,4):
        list_in.append(y*x)
    list3.append(list_in)

list4 = [[y*x
          for x in range(1,4)]
          for y in range(1,4)]

print list3
print list4
```

```
[[1, 2, 3], [2, 4, 6], [3, 6, 9]]
[[1, 2, 3], [2, 4, 6], [3, 6, 9]]
```

B-5 関数とモジュール

・関数の定義

独自の関数を定義する際は、次の書式を用います。

```
def 関数名(引数1, 引数2,…):
    <関数で実行する処理>
    return <戻り値>
```

次は、8%の消費税を計算する関数 **tax** を定義して利用する例です。**tax** の返り値は浮動小数点型になりますが、**print** 文で表示する際に、フォーマット記号 **%d** を用いて整数部分のみを表示しています。

```
def tax(price):
    tax = price * 0.08
    return tax

for x in range(100,300,50):
    print "価格: %d, 消費税: %d" % (x, tax(x))
```
```
価格: 100, 消費税: 8
価格: 150, 消費税: 12
価格: 200, 消費税: 16
価格: 250, 消費税: 20
```

・モジュールのインポート

モジュールは、役に立つクラス、関数、定数などが事前に定義されたライブラリーファイルです。既存のモジュールをインポートすることで、そこに含まれるコンポーネントが利用できるようになります。たとえば、次を実行すると、numpyモジュールに含まれる関数を **np.<関数名>** で呼び出せるようになります。

```
import numpy as np
```

コンポーネントを指定してインポートすると、コンポーネント名で直接に呼び出すこともできます。次は、pandasモジュールから **DataFrame** クラスと **Series** クラスをインポートして、同じ名前（**DataFrame**、および、**Series**）で利用できるようにします。

```
from pandas import DataFrame, Series
```

> **参考情報**
>
> 　Python 2の組み込み関数と標準的なモジュールについては、次の公式ドキュメントも参考になります。
>
> - Python 標準ライブラリ - v2.7
>   （http://docs.python.jp/2.7/library/index.html）
>
> また、TensorFlowで使用するPythonの関数については、次も参考になります。
>
> - TensorFlow Python reference documentation
>   （https://www.tensorflow.org/versions/r0.9/api_docs/python/index.html）
> - 上記ページの「Neural Network」セクション
>   （https://www.tensorflow.org/versions/r0.9/api_docs/python/nn.html）

付録 C　数学公式

▪ 数列の和と積の記号

記号$\sum$と記号$\prod$は、それぞれ、数列の和と積を表します。次は、x_1〜x_Nの足し算、および、掛け算になります。

$$\sum_{n=1}^{N} x_n = x_1 + x_2 + \cdots + x_N$$

$$\prod_{n=1}^{N} x_n = x_1 \times x_2 \times \cdots \times x_N$$

これらの式に含まれる文字nは、プログラムコードにおいて、繰り返し処理のループを回すローカル変数に相当するものです。他の文字に置き換えても計算の内容は変わらない点に注意してください。

▪ 行列の計算

$N \times M$行列は、行数（縦の長さ）がNで、列数（横の長さ）がMの行列を表します。$N \times M$行列と$M \times K$行列の積は、$N \times K$行列になります。次は、2×3行列と3×2行列の積を計算する例になります。

$$\begin{pmatrix} a_1 & a_2 & a_3 \\ b_1 & b_2 & b_3 \end{pmatrix} \begin{pmatrix} c_1 & d_1 \\ c_2 & d_2 \\ c_3 & d_3 \end{pmatrix} = \begin{pmatrix} a_1c_1 + a_2c_2 + a_3c_2 & a_1d_1 + a_2d_2 + a_3d_3 \\ b_1c_1 + b_2c_2 + b_3c_2 & b_1d_1 + b_2d_2 + b_3d_3 \end{pmatrix}$$

同じ大きさの行列同士の和は、対応する成分どうしの和になります。

$$\begin{pmatrix} a_1 & a_2 \\ a_3 & a_4 \end{pmatrix} + \begin{pmatrix} b_1 & b_2 \\ b_3 & b_4 \end{pmatrix} = \begin{pmatrix} a_1 + b_1 & a_2 + b_2 \\ a_3 + b_3 & a_4 + b_4 \end{pmatrix}$$

特に、横一列に成分を並べた横ベクトルは、$1 \times N$行列、縦一列に成分を並べた縦ベクトルは、$N \times 1$行列として取り扱うことができます。また、転地記号Tは、行列の行と列を入れ替える操作を表すもので、特に、縦ベクトルと横ベクトルを入れ替える効果があります。

$$(x_1, x_2, \cdots, x_N)^{\mathrm{T}} = \begin{pmatrix} x_1 \\ x_2 \\ \vdots \\ x_N \end{pmatrix}$$

- **対数関数**

対数関数$y = \log x$は、指数関数$y = e^x$の逆関数として定義されます。ここに、eは、ネイピア定数$e = 2.718\cdots$を表します。本書の内容を理解する上では、$y = \log x$が単調増加関数である（xが増加すると$\log x$も増加する）ことと、次の公式が成り立つことがわかれば十分です。

$$\log ab = \log a + \log b, \ \log a^n = n \log a$$

- **偏微分**

複数の変数を持つ関数について、特定の変数で微分することを偏微分と呼びます。

$\dfrac{\partial E(x,y)}{\partial x}$：$y$を固定して$x$で微分する

$\dfrac{\partial E(x,y)}{\partial y}$：$x$を固定して$y$で微分する

特にそれぞれの変数で偏微分した結果を並べたベクトルを「勾配ベクトル」と呼び、次の記号で表します。

$$\nabla E(x,y) = \begin{pmatrix} \frac{\partial E(x,y)}{\partial x} \\ \frac{\partial E(x,y)}{\partial y} \end{pmatrix}$$

参考文献

本書の内容をより深く理解する上で、参考となる書籍を紹介します。

- 『ITエンジニアのための機械学習理論入門』中井 悦司（著）、技術評論社（2015）

ロジスティック回帰をはじめとする、機械学習の基本的なアルゴリズムについて、数学的な背景を含めて解説しています。

- 『Pythonによるデータ分析入門 —— NumPy、pandasを使ったデータ処理』Wes McKinney（著）、小林 儀匡、鈴木 宏尚、瀬戸山 雅人、滝口 開資、野上 大介（翻訳）、オライリージャパン（2013）

NumPyやpandasなど、データ解析に使用する標準的なPythonライブラリの使用方法を解説しています。

- 『戦略的データサイエンス入門』Foster Provost、Tom Fawcett（著）、竹田 正和（監訳／翻訳）、古畠 敦、瀬戸山 雅人、大木 嘉人、藤野 賢祐、宗定 洋平、西谷 雅史、砂子 一徳、市川 正和、佐藤 正士（翻訳）、オライリージャパン（2014）

データサイエンスのビジネス適用という観点から、より広い視点で機械学習の考え方を学ぶことができます。

- 『深層学習 Deep Learning』麻生 英樹（著）、安田 宗樹（著）、前田 新一（著）、岡野原 大輔（著）、岡谷 貴之（著）、久保 陽太郎（著）、ボレガラ ダヌシカ（著）、人工知能学会（監修）、神嶌 敏弘（編集）、近代科学社（2015）

本書で解説した畳み込みニューラルネットワークを含めて、より広い範囲の話題について、一歩踏み込んだ解説がなされています。本書の次に読む書籍としてお勧めします。

INDEX

数字

1-of-Kベクトル 094, 099, 161
2層のノード 25

アルファベット

A〜G

A Neural Network Playground 221
AND 147, 148
CentOS 39
CIFAR-10 217
CNN 016, 027, 198
Docker 038, 236
Docker Quickstart Terminal 242
Docker Toolbox 240
Dockerfile 38
EVENTS 139
exit 141

H〜N

HISTOGRAMS 139
JavaScript 211
Jupyter 38
log 69
MNIST 92
Neural Network Playground 198
NOT 147

O〜S

OR 147, 148
Oracle Virtual Box 244
Placeholder 049, 051, 053
Python 39
ReLU 128, 201, 228
RNN 28
Running 141

T〜Z

Tensor 48
TensorBoard 133, 138
TensorFlow 016, 021, 039
TensorFlow Tutorials 16
Terminal 139
Variable 049, 053, 133, 201
Virtual Box 240
XOR 148

かな

あ〜こ

移動量 35
オーバーフィッティング 081, 203, 208
折れ線グラフ 136
過学習 81
学習率 035, 123, 188
確率的勾配降下法
　　................ 035, 105, 109, 153, 181, 202
隠れ層 112, 126, 136, 142
活性化関数 025, 112, 126, 227
関数 024, 254
機械学習モデルの3ステップ 21
行列 048, 257
グラフコンテキスト 136
グラフ描画ライブラリー 51
繰り返し処理 251
計算値 49
勾配降下法 033, 077, 122
勾配ベクトル 032, 227, 232
極小値 152
誤差関数 020, 023, 053, 066,
　　　　　　　　　　　　　 122, 151, 207, 232
誤差逆伝搬方 232
コンテナ 238
コンテナイメージ 38

さ〜そ

最小値 152
最小二乗法 48

最尤推定法	069, 092, 099
サブルーチン	24
散布図	22
シグモイド関数	023, 024
辞書	250
四則演算子	247
収束	35
出力層	112, 136, 144
条件分岐	252
人工知能	21
深層学習	27
数式	24
数値計算ライブラリー	51
数列の和	257
正解率	207
正規化層	217
正規分布	121
整数型	246
積	257
セッション	055, 182
線形多項分類器	89
線形分類器	64
全結合層	064, 111, 172, 175, 186, 190, 202, 206, 216
ソフトマックス関数	064, 085, 090, 129, 131, 186, 190, 202, 206

た〜と

対数関数	258
代入演算子	247
多項分類器	85
多次元配列	48
多層化	198
畳み込みニューラルネットワーク	016, 198
畳み込みフィルター	027, 156, 190, 198, 205
単層CNN	184
単層ニューラルネットワーク	112
ディープラーニング	016, 018, 027
ディクショナリー	057, 250

データサイエンティスト	20
データの正規化	220
テストセット	92
転置記号	33
特徴変数	156, 173
トレーニングアルゴリズム	054, 190, 207
トレーニングセット	036, 092, 105
ドロップアウト層	198, 201, 202, 206

な〜ほ

二項分類器	065, 085
二乗誤差	020, 076
ニューラルネットワーク	018, 021, 024, 144
入力層	112, 136
入力データ	190
ニューロン	25
ネームスコープ	136, 140
ネットワークグラフ	133
ノード	25
パーセプトロン	064, 085
ハードマックス	90
ハイパボリックタンジェント	122, 147, 228
配列	249
バックプロパゲーション	198, 226, 232
発散	35
ヒストグラム	137
ビッグデータ	21
微分	226
プーリング層	027, 156, 169, 190, 205
浮動小数点型	246
ブロードキャストルール	74
変数	246
偏微分	031, 230, 258
ぼかし効果	158

ま〜ろ

| マルチスレッド | 233 |
| ミニバッチ | 035, 105, 181 |

INDEX

モジュール	255
文字列	247, 248
モデル	18
ユニバーサル関数	61
乱数	67
リカレントニューラルネットワーク	28
リスト	249
ロジスティック回帰	065, 080, 223
ロジスティック関数	80
論理回路	147

サンプルコード

A〜S

add_subplot	60
cPickle	160
edge_filter	165, 174
feed_dict	057, 078, 082
float	246
for	251
if	252
imshow	95
interpolation	95
int	246
linspace	61
matplotlib	51
next_batch	105
np.zeros	164
NumPy	051, 056, 092, 161
pandas	70
print	246
pyplot	60
range	250
reshape	95
SummaryWriter	134

T〜W

tf.argmax	103
tf.bool	52
tf.cast	076, 104
tf.complex64	52
tf.constant	202
tf.equal	76
tf.float32	051, 052
tf.float64	52
tf.histogram_summary	136
tf.initialize_all_variables	55
tf.int8	52
tf.int16	52
tf.int32	52
tf.int64	52
tf.log	75
tf.matmul	053, 073
tf.nn.avg_pool	170
tf.nn.conv2	162
tf.nn.conv2d	165
tf.nn.dropout	203
tf.nn.max_pool	169, 170
tf.nn.relu	128
tf.nn.softmax	98
tf.nn.tanh	122
tf.placeholder	51
tf.reduce_mean	76
tf.reduce_sum	054, 075, 100
tf.scalar_summary	136
tf.sign	76
tf.square	54
tf.string	52
tf.train.AdamOptimizer	054, 076, 103, 187, 207
tf.train.GradientDescentOptimizer	123
tf.train.Saver	182, 184, 188, 208
tf.truncated_normal	121
tf.truncted_normal	180
tf.Variable	53
tf.zeros	202
with	134, 136, 253

●著者プロフィール

中井 悦司（なかい えつじ）

　1971年4月大阪生まれ。ノーベル物理学賞を本気で夢見て、理論物理学の研究に没頭する学生時代、大学受験教育に情熱を傾ける予備校講師の頃、そして、華麗なる（?）転身を果たして、外資系ベンダーでLinuxエンジニアを生業にするに至るまで、妙な縁が続いて、常にUnix/Linuxサーバーと人生を共にする。その後、Linuxディストリビューターのエバンジェリストを経て、現在は、大手検索システム企業にてクラウド・ソリューションアーキテクトとして活動。

　休日は、小学2年生の愛娘とスポーツクラブのプールに通う、近所で評判の「よいお父さん」。「世界平和」のために早めの帰宅を心がけるものの、こよなく愛する場末の飲み屋についつい立ち寄りがちな今日このごろ。最近は、機械学習をはじめとするデータ活用技術の基礎を世に広めるために、講演活動のほか、雑誌記事や書籍の執筆にも注力。

● STAFF

DTP：シンクス
ブックデザイン：本田 正樹（Highcolor）
担当：伊佐 知子

TensorFlowで学ぶディープラーニング入門
〜畳み込みニューラルネットワーク徹底解説

2016年　9月27日　初版第1刷発行
2017年　7月10日　　　第5刷発行

著者　　中井 悦司
発行者　滝口 直樹
発行所　株式会社マイナビ出版
　　　　〒101-0003　東京都千代田区一ツ橋2-6-3　一ツ橋ビル 2F
　　　　TEL：0480-38-6872（注文専用ダイヤル）
　　　　TEL：03-3556-2731（販売）
　　　　TEL：03-3556-2736（編集）
　　　　E-Mail：pc-books@mynavi.jp
　　　　URL：http://book.mynavi.jp
印刷・製本　シナノ印刷株式会社

©2016 Etsuji Nakai , Printed in Japan
ISBN978-4-8399-6088-9

- 定価はカバーに記載してあります。
- 乱丁・落丁についてのお問い合わせは、TEL：0480-38-6872(注文専用ダイヤル)、電子メール：sas@mynavi.jpまでお願いいたします。
- 本書は著作権法上の保護を受けています。本書の一部あるいは全部について、著者、発行者の許諾を得ずに、無断で複写、複製することは禁じられています。